U0237008

# 南海鸢乌贼渔业生物学

陈新军　陆化杰　林东明　著

科学出版社

北京

## 内 容 简 介

鸢乌贼是我国南海的重要经济头足类之一，是灯光罩网渔船的主要捕捞对象。开展鸢乌贼渔业生物学的基础研究，有助于该资源的可持续开发和科学管理。本书共 6 章：第 1 章为绪论，对鸢乌贼渔业生物学研究现状进行了总结；第 2 章为南海鸢乌贼角质颚外部形态变化特性及其与个体关系；第 3 章为南海鸢乌贼角质颚微结构与微量元素分析；第 4 章为南海鸢乌贼性成熟及其与海洋环境关系；第 5 章为南海鸢乌贼个体繁殖力及其特性；第 6 章为南海鸢乌贼能量分配、繁殖投入及溯源。

本书可供海洋生物、水产和渔业等专业的科研人员，高等院校师生及从事相关专业生产、管理的工作人员使用和阅读。

**图书在版编目(CIP)数据**

南海鸢乌贼渔业生物学 / 陈新军, 陆化杰, 林东明著. —北京:科学出版社, 2023.9

ISBN 978-7-03-076081-4

Ⅰ. ①南… Ⅱ. ①陈… ②陆… ③林… Ⅲ. ①南海-乌贼目-海洋生物学-研究 Ⅳ. ①Q959.216

中国国家版本馆 CIP 数据核字(2023)第 146144 号

责任编辑：韩卫军 / 责任校对：彭 映

责任印制：罗 科 / 封面设计：墨创文化

科学出版社出版

北京东黄城根北街16号

邮政编码：100717

http://www.sciencep.com

成都锦瑞印刷有限责任公司印刷

科学出版社发行 各地新华书店经销

*

2023 年 9 月第 一 版 开本：787×1092 1/16

2023 年 9 月第一次印刷 印张：8 1/4

字数：200 000

**定价：108.00 元**

（如有印装质量问题，我社负责调换）

# 前　言

鸢乌贼广泛分布于印度洋和太平洋的热带和亚热带海域，资源量较为丰富。我国南海海域也蕴藏着丰富的鸢乌贼资源。鸢乌贼目前是我国灯光罩网渔船在南海作业的主要捕捞对象。鸢乌贼不仅是凶猛的捕食者，同时也是其他大型海洋生物的重要饵料，在生态系统中具有重要的地位，在中国南海海洋生态系统中扮演着“承上启下”的重要角色。开展鸢乌贼渔业生物学的基础研究，有助于对该资源的可持续开发和科学管理。

本书共分 6 章。第 1 章为绪论，对鸢乌贼的种群结构、年龄生长、摄食生态、繁殖和洄游方面的研究现状进行了总结。第 2 章为南海鸢乌贼角质颚外部形态变化特性及其与个体关系，对其角质颚外部形态变化特性进行研究，分析不同性别、不同胴长和不同性成熟度对鸢乌贼的角质颚外部形态变化的影响，以及其角质颚色素沉着变化特性。第 3 章为南海鸢乌贼角质颚微结构与微量元素分析，通过分析鸢乌贼的角质颚微结构，读取日龄并估算孵化期，判断样本所属的孵化群体，分析其角质颚微量元素变化。第 4 章为南海鸢乌贼性成熟及其与海洋环境关系，对南海鸢乌贼中型群和微型群的繁殖特性进行研究分析，探讨其生长发育过程中性腺指数等与时空以及环境因子的关系。第 5 章为南海鸢乌贼个体繁殖力及其特性，对鸢乌贼繁殖力大小及其与生物学指标的关系、卵母细胞和成熟卵子的卵径分布及其产卵模式进行分析，探讨分析其有效繁殖力特性及其与个体生长发育的变化规律。第 6 章为南海鸢乌贼能量分配、繁殖投入及溯源，通过测定鸢乌贼个体肌肉和性腺组织的能量密度，分析其肌肉和性腺组织的能量积累情况，初步探讨分析性腺发育过程中肌肉和性腺组织能量积累的变化过程；同时，通过对南海鸢乌贼不同组织的质量体征以及碳、氮稳定同位素进行测定，对胴体、足腕和尾鳍等肌肉组织与性腺组织的能量与胴长的残差进行定量，分析性腺发育过程中营养生态位的变动，明确其繁殖投入类型，并探讨该物种繁殖策略的群体特殊性。

本书得到国家重点研发计划（2019YFD0901400）、国家自然科学基金面上项目（NSFC41876141），以及国家双一流学科（水产学）、农业部科研杰出人才及其创新团队——大洋性鱿鱼资源可持续开发等专项的资助。

由于时间仓促，且研究内容覆盖面广，国内同类参考资料较少，书中难免存在不足之处，望读者提出批评和指正。

# 目　　录

# 第1章 绪　　论

鸢乌贼(*Sthenoteuthis oualaniensis*)隶属于柔鱼科(Ommastrephidae)鸢乌贼属(*Sthenoteuthis*)(图1-1)，广泛分布于印度洋和太平洋的热带、亚热带海域，是生活在大洋中的经济头足类，资源量较为丰富，预估总体资源量为 $800\times10^4$～$1100\times10^4$t(Jereb and Roper，2010)。鸢乌贼种群结构复杂，生命周期短，繁殖速度快，具有昼夜垂直洄游的习性(陈新军等，2009；董正之，1991)。印度洋西北海域和我国南海海域蕴藏着丰富的鸢乌贼资源，其中印度洋西北海域的资源量约为 $200\times10^4$t(Yatsu，1997)，预估南海海域资源量为 $150\times10^4$t，鸢乌贼目前是我国灯光罩网渔船在南海作业的主要捕捞对象(张鹏等，2010)。

图1-1　鸢乌贼外形

鸢乌贼不仅是凶猛的捕食者，而且是其他大型海洋生物的重要饵料，在生态系统中具有重要的地位，在中国南海海洋生态系统中扮演着“承上启下”的重要角色(陈新军等，2009；董正之，1991)。本书从基础生物学、角质颚生长特性、角质颚微结构及日龄和色素沉着变化等方面对中国南海西沙海域鸢乌贼的生长情况展开研究，同时结合角质颚微量元素变化对该海域鸢乌贼的洄游路径进行初步判断；同时，通过组织能量测定、生化组成分析、脂肪酸测定和模型统计分析等研究方法，结合发育生物学、进化生态学，在群体和性别的水平上观察研究鸢乌贼卵巢和精巢发育及其性腺细胞发生的形态学和组织学特征，分析肌肉和性腺等组织的能量积累及分配关系，研究雌性个体繁殖期间的繁殖投入、能量变动机制以及能量来源，探究性腺发育水平和能量积累等指标与海洋环境因素(海面温度、叶绿素 a、海面盐度等)的关系，分析探讨南海鸢乌贼的繁殖策略。上述研究有助于了解该海域鸢乌贼的生长情况和生活史及其繁殖生物学变化规律，为对其进行合理开发和科学管理提供参考。

# 1.1 鸢乌贼渔业生物学研究文献计量分析

鸢乌贼是我国重点开发利用的公海大洋性资源，在南海以及印度洋西北海域资源量较为丰富，在琉球群岛和夏威夷等海域已经成为商业性渔业种类之一。鸢乌贼属于深海种类，蛋白质含量较高，且蕴藏量巨大，在海洋渔业中处于重要位置。在印度洋西北海域，鸢乌贼是多种鱼类的主要食物来源，也是中国众多远洋作业渔船的捕捞目标。南海鸢乌贼年可捕量巨大，捕捞方式主要为灯光罩网作业，该作业方法效果和可操作性较好。

基于 Web of Science 数据库，本节将回顾鸢乌贼渔业生物学的研究历程，分析其研究热点，探讨其后续的研究方向。以“*Sthenoteuthis oualaniensis*”和“fishery biology”为主题词进行文献检索，共检索出 78 篇文献，针对检索结果做文献计量统计。

## 1.1.1 年份分布和期刊分布

在检索的 78 篇文献中，关于鸢乌贼渔业生物学研究的文献最早见于 1995 年，文献数量为 1 篇，此后各年均有研究刊出，并出现了三个峰值，所在年份分别为 2002 年、2008 年和 2015 年，2015 年最多，为 12 篇。表 1-1 为本书统计的发表鸢乌贼渔业生物学研究文章数量排名前十位的期刊，其发文量占总发文量的 52.56%，表明关注该领域发展的学术期刊集中在海洋类和生态类，其中发文量居前两位的期刊分别为 *Marine Ecology Progress Series* 和 *Bulletin of Marine Science*，发文量分别为 7 篇和 5 篇。

表 1-1 发表鸢乌贼渔业生物学研究文章数量排名前十位的期刊

| 排名 | 期刊名称 | 发文量/篇 | 占比/% |
|---|---|---|---|
| 1 | *Marine Ecology Progress Series* | 7 | 8.97 |
| 2 | *Bulletin of Marine Science* | 5 | 6.41 |
| 3 | *Fisheries Research* | 4 | 5.13 |
| 4 | *Fisheries Research Amsterdam* | 4 | 5.13 |
| 5 | *Fisheries Science* | 4 | 5.13 |
| 6 | *Fisheries Science Tokyo* | 4 | 5.13 |
| 7 | *Indian Journal of Fisheries* | 4 | 5.13 |
| 8 | *Fishery Bulletin* | 3 | 3.85 |
| 9 | *Fishery Bulletin Seattle* | 3 | 3.85 |
| 10 | *Marine Biology* | 3 | 3.85 |

### 1.1.2　国家和地区分布

通过对鸢乌贼渔业生物学研究分布的国家和地区进行分析（表 1-2），发现欧洲、亚洲、非洲及美洲均对该领域开展了研究。其中，发文量居前三位的国家分别为中国、美国和日本，发文量分别为 38 篇、30 篇和 12 篇。

表 1-2　发表鸢乌贼渔业生物学研究文章数量排名前十位的国家和地区

| 排名 | 国家和地区 | 发文量/篇 |
|---|---|---|
| 1 | 中国 | 38 |
| 2 | 美国 | 30 |
| 3 | 日本 | 12 |
| 4 | 墨西哥 | 10 |
| 5 | 印度 | 7 |
| 6 | 法国 | 6 |
| 7 | 留尼汪（法） | 4 |
| 8 | 西班牙 | 4 |
| 9 | 南非 | 3 |
| 10 | 乌克兰 | 3 |

注：部分文献含多位来自不同国家和地区的作者。

### 1.1.3　高被引文献分析

在 78 篇研究鸢乌贼的文献中，总被引次数 1324 次，引用文献 986 篇，自 1995 年后，每年总被引次数呈上升趋势，其中 2019 年最高，达 200 次。表 1-3 列出了鸢乌贼渔业生物学研究高被引文献的前十名，研究领域分别涉及头足类代谢机制和运动方式、摄食、栖息地、人工繁殖、渔场等，此外还有对相关研究进展的介绍。引用次数最高的为 Seibel 等（1997）的文章，该文对加利福尼亚和夏威夷海域 33 种远洋头足类的代谢速率与栖息地深度进行系统的研究，对其运动效率的差异进行分析，认为在深海中头足类的运动更偏向于依赖鳍和腕。研究热点由以往大尺度、多种类趋向于单一群体，对其生态和生理机制尤为关注，且研究海域由先期阿拉伯海、中期印度洋向后期南海转变。

表 1-3　鸢乌贼渔业生物学研究高被引文献（前十位）

| 排名 | 题目 | 作者 | 期刊名称 | 发表年份 | 被引量/次 |
|---|---|---|---|---|---|
| 1 | Decline in pelagic cephalopod metabolism with habitat depth reflects differences in locomotory efficiency | Seibel B A, Thuesen E V, Childress J J | *The Biological Bulletin* | 1997 | 111 |
| 2 | Forage fauna in the diet of three large pelagic fishes（lancetfish, swordfish and yellowfin tuna）in the western equatorial Indian Ocean | Potier M, Marsac F, Cherel Y, et al. | *Fisheries Research* | 2007 | 93 |

续表

| 排名 | 题目 | 作者 | 期刊名称 | 发表年份 | 被引量/次 |
|---|---|---|---|---|---|
| 3 | Ethical and welfare considerations when using cephalopods as experimental animals | Moltschaniwskyj N A, Hall K, Lipinski M R, et al. | *Reviews in Fish Biology and Fisheries* | 2007 | 77 |
| 4 | Geographical variations in carbon and nitrogen stable isotope ratios in squid | Takai N, Onaka S, Ikeda Y | *Journal of the Marine Biological Association of the UK* | 2000 | 65 |
| 5 | Accumulation of butyltin compounds in Risso' s dolphin (*Grampus griseus*) from the Pacific coast of Japan: Comparison with organochlorine residue pattern | Kim G B, Tanabe S, Iwakiri R, et al. | *Environmental Science & Technology* | 1996 | 63 |
| 6 | A review of the development of Chinese distant-water squid jigging fisheries | Chen X J, Liu B, Chen Y | *Fisheries Research* | 2008 | 49 |
| 7 | Light-limitation on predator-prey interactions: Consequences for metabolism and locomotion of deep-sea cephalopods | Seibel B A, Thuesen E V, Childress J J | *The Biological Bulletin* | 2000 | 46 |
| 8 | Luminescence of imidazo[1,2-α]pyrazin-3(7H)-one compounds | Teranishi K | *Bioorganic Chemistry* | 2007 | 45 |
| 9 | Artificial fertilization and development through hatching in the oceanic squids *Ommastrephes bartramii* and *Sthenoteuthis-oualaniensis* (Cephalopoda: Ommastrephidae) | Sakurai Y | *The Veliger* | 1995 | 44 |
| 10 | Multielemental analysis of purpleback flying squid using high resolution inductively coupled plasma-mass spectrometry (HR ICP-MS) | Ichihashi H, Kohno H, Kannan K, et al | *Environmental Science & Technology* | 2001 | 38 |

## 1.2 鸢乌贼的生物学特性

### 1.2.1 种群结构

鸢乌贼具有非常复杂的种群结构，不同群体间具有各种形态差异，可以从外部形态学、摄食生态学、生物化学和基因构成等方面对鸢乌贼种群进行鉴定。早期的研究(Clarke，1965)已经将有无发光器和性腺发育作为区分鸢乌贼群体的根据，不同群体在胴长、繁殖特性等方面的差异也被发现。Bizikov(1999)根据内壳形态的差异进一步完善了鸢乌贼的群体结构。因此，根据成熟个体的大小、背部发光器和内壳形态，可以将鸢乌贼分为 5 个群体：微型群、小型群、中型单轴群、中型双轴群及大型群(表 1-4)。同时，产卵时间和地理分布位置也可以作为群体划分的依据。比如，也门、亚丁湾的鸢乌贼可分为春生群、夏生群和秋生群等群体(杨德康，2002)；印度洋西北海域的鸢乌贼可分为春季和秋季两个产卵群体(刘必林等，2009)。不同地理位置的鸢乌贼个体存在显著的形态差异，然而季节产卵群体和地理分布群体内是否存在遗传差异仍需确定。

表 1-4　鸢乌贼形态特征与分布（Zuyev et al.，2002）

| 群体 | 雌性胴长/mm | 雄性胴长/mm | 内壳 | 生命周期/a | 发光器 | 分布海域 |
|---|---|---|---|---|---|---|
| 大型群 | 360～650 | 240～320 | 单 | 1 | 有 | 红海、阿拉伯海、亚丁湾和赤道几内亚海域 |
| 中型单轴群 | 200～320 | 160～260 | 单 | 1 | 无 | 红海、阿拉伯海和亚丁湾等海域 |
| 中型双轴群 | 150～400 | 120～240 | 双 | 1 | 有 | 除红海、阿拉伯海和亚丁湾以外的所有鸢乌贼分布海域 |
| 小型群 | 90～150 | — | — | — | 有 | 红海、莫桑比克海峡 |
| 微型群 | 80～150 | 75～130 | 双 | 0.5 | 无 | 赤道海域 |

## 1.2.2　年龄与生长

### 1.年龄

研究鸢乌贼年龄的载体主要有外部形态以及角质颚、内壳、耳石等硬组织，胴长等形态学数据容易获得。长度频率分析可用来描述鸢乌贼的生长情况，是生长研究的重要生物学手段。基于渔获物大小-性别结构的季节动态分析，利用冯•贝塔朗飞（Von Bertalanffy）生长方程进行计算发现，鸢乌贼的最大寿命为 2 年（Zuev et al.，1985）。角质颚等硬组织在其稳定的构造上涵盖了生物体的诸多生长信息，其轮纹被认为等同于生活日龄。Bizikov（1991）使用内壳对个体和群体的年龄结构进行了研究，使结果精确到天，结果表明鸢乌贼的生长模式近似于线性模型，体重的增长可能由于产卵而遵循幂函数模型，雌性的生长速率较雄性快。微型群的生命周期为半年左右，中型群和大型群生命周期约为 1 年。

研究表明，鸢乌贼年龄和生长在海域间、种群间和性别间具有差异。南海海域中型群和微型群的生长周期分别为 38～126d 和 42～71d（招春旭等，2017）；印度洋西北海域鸢乌贼生长周期为 88～363d（Chen et al.，2007）；阿拉伯海域中型群和大型群雌性生长周期分别为 100～380d 和 45～400d，大型群雄性生长周期为 40～380d（Bizikov，1999）；东太平洋雌性和雄性生长周期分别为 50～200d 和 60～150d；太平洋中部雌性和雄性生长周期分别为 53～155d 和 62～128d（Liu et al.，2017）。

### 2.生长

鸢乌贼生长速率较快，大型群经过 300d 的生长体重可达 8～9kg，胴长可达 550～600mm。研究表明，相同胴长的雌性鸢乌贼生长也可能存在差异，Yatsu 等（1997）发现胴长 120mm 的雌性鸢乌贼的日龄大约为 51d，而 Zakaria（2000）则发现胴长 115mm 的雌性鸢乌贼的日龄为 95d 左右。这是因为不同种群的鸢乌贼生长速率差异很大，其中小型群的鸢乌贼最大生长速率大约为 1mm/d，大型群的鸢乌贼可以达到 3.8mm/d，不同性别的个体生长也有不同，雌性胴长的平均值和分布范围较雄性大（Bizikov，1991）。

各分布海域鸢乌贼的生长并不一致，南海鸢乌贼中型群胴长为 69～231mm，微型群为 51～125mm，与太平洋中部海域鸢乌贼胴长（115～230mm）相近，小于东太平洋和印度洋西北海域鸢乌贼胴长（东太平洋海域：100～285mm；印度洋西北海域：中型群为 80～

280mm，大型群为100～607mm）。鸢乌贼生长存在差异的原因一方面是生长环境的差异，头足类因其生活史短暂，生长与温度、食物丰度等因素息息相关，而各海域温度等因素的差异导致其生长速率不同；另一方面是各海域鸢乌贼群体间竞争等关系的差异，各海域鸢乌贼群体的分布不同，群体间的竞争也不同。

### 1.2.3 摄食生态与被捕食

鸢乌贼摄食生态的研究方法主要有胃含物分析和同位素分析，其中胃含物分析应用较多。同位素分析表明鸢乌贼的营养级为2.37～3.98，与胴长呈正相关关系。鸢乌贼群体数量巨大，在不同的生长阶段都在寻找合适的食物来源，也因生长环境的不同产生了海域特异性。胃含物分析表明各群体在食物构成上具有差异，且均在生长期间具有不同的食物构成。大型群主要摄食鱼类和甲壳类，以及少量头足类，摄食的鱼类主要为灯笼鱼科（Myctophidae），甲壳类主要为中层虾，头足类主要为鱿鱼科，经鉴定可能是鸢乌贼；中型群食物主要为灯笼鱼科，甲壳类在成年个体的食物构成中所占比例较小。阿拉伯海和印度洋西北海域个体的摄食组成不同，反映出其在食物选择上的差异。南海南部海域鸢乌贼食物以中上层鱼类为主，主要为大眼标灯鱼（*Symbolophorus boops*）、颌圆鲹（*Decapterus macarellus*）和尖头文鳐鱼（*Hirundichthys oxycephalus*）等，同时摄食同类以及其他头足类及少数蟹类。Parry（2008）研究发现：东太平洋海域鸢乌贼个体以鱼类和头足类为主要食物，甲壳类所占比例极少，几乎忽略不计。Chen 等（2007）对印度洋西北海域鸢乌贼的研究表明，燕鳐鱼（*Cypselurus agoo*）等种类构成了其主要食物。

鸢乌贼的捕食者非常多样，不同大小和不同生活海域的鸢乌贼面临着不同的捕食者，总体来看，随着鸢乌贼的生长其捕食者的种类逐渐减少，且体型呈现大型化，面临的种内竞争压力也逐步增大。

### 1.2.4 个体发育阶段

#### 1.卵块及孵化

卵块丰度调查表明，鸢乌贼的产卵活动可能在岛礁附近，为上层近岸产卵。鸢乌贼人工繁殖技术表明卵的孵化与温度显著相关，随着温度升高，孵化时间缩短，人工繁殖实验测得最适孵化温度为 30℃。卵块位于海面，浮于密度跃层之上。胚胎在水中的发育温度为 20～25℃，持续时间为 3～6d，孵化的幼体胴长为 1mm。鸢乌贼幼体栖息于较深的海域，不同群体的幼体栖息水深不同（Sajikumar et al.，2018）：研究人员在阿拉伯海域发现了A、B、C三种形态的鸢乌贼幼体，A形幼体栖息于425～931m水深的大陆架边缘附近；B形幼体栖息于931～2140m水深的大陆架边缘的外部区域和群岛附近；C形幼体栖息于1638～2140m水深的海域，三种形态的幼体存在一定的混合分布现象。稚鱼呈现出从大陆架边缘到更深海域的广泛分布模式，在 2400m（9°44′N，74°37′E）和 1440m（12°07′N，72°02′E）水层处均发现了高密度的稚鱼生物量（Sajikumar et al.，2018）。

2.个体发育

鸢乌贼的发育大体上分为六个阶段(Zuyev et al.，2002)。①胚胎期：卵直径为 0.7～1.0mm，胚胎内部大小为 0.76～0.95mm。外部卵黄囊非常小，内部卵黄囊相对较大，仅在胚胎发生结束时减少，持续时间为 4～6d。②前仔鱼期：营自由生活，胴长可以达到 10mm。触腕尚未分开，长度要大于腕，具有 14～16 个吸盘，内壳弱分化。③后仔鱼期：胴长为 10～25mm，在开始时自由的触腕较短，不起作用，在腕和触腕上形成尖齿吸盘，内壳已经开始分化。④稚鱼期：胴长从大约 26mm 到 80～120mm，捕食器官生长迅速，生活习性接近于成年，内壳形态进一步发育。⑤中型群成鱼期：胴长从 80～150mm 到 300～350mm，腕和触腕持续生长，吸盘的数量也增多，内壳形态发育完善。⑥大型群成鱼期：胴长从 360～400mm 到 600～650mm，腕和触腕负异速生长，内壳形态发育完善。

鸢乌贼生活史各阶段的生长速率变化明显，通过对太平洋海域鸢乌贼的年龄研究，发现仔、稚鱼和成体的胴长-日龄生长方程并不一致。鸢乌贼生长过程中所处的环境不断改变，身体中的酶随着栖息水深的变化而变化，新陈代谢的水平随着所处环境水深的增加而显著下降，这可能与其在深水区依赖的运动方式的改变相关。稚鱼期的结束可能与背部发光器和茎化腕的发育有关。鸢乌贼胴长达到 100mm 时背部发光器较为明显，若个体不能发育成熟，发光器将停止发育，胴长达到 110mm 时雄性个体的茎化腕开始发育(Bower et al.，1999)。

### 1.2.5　水平及垂直分布

尽管鸢乌贼游泳速度快且具备长距离迁移的条件，但是其在水平方向上的洄游仍未有定论。既有研究显示，印度洋西北海域的鸢乌贼胴体大小随纬度具有显著变化，并且分布模式与风场相关，在上下风处具有不同的索饵模式。同时，研究人员发现南海海域鸢乌贼群体首先出现在吕宋岛附近海域，且群体内雄性比例较高，然后伴随黑潮向台湾岛西南和东南方向迁移，最后向北方移动至琉球群岛海域。

从垂直分布来看，仔鱼栖息深度最深，稚鱼多数时候出现在 50m 以上的水层，其分布可能与大陆斜坡相关。相较于仔鱼较深的栖息水深，稚鱼昼夜均会出现在近表层水域，观测到的稚鱼均出现在水深 100m 以内。仔稚鱼栖息水深的变化可能是因为仔鱼自主运动能力较弱，栖息深度多与卵孵化时的深度相近，而稚鱼具备了一定的运动能力，活动已经开始受光照和食物的影响，栖息深度有可能存在昼夜差异，因此栖息深度虽然较小但变化较大。鸢乌贼在垂直方向上的分布变化与昼夜变化、食物分布、游泳能力和生活史等相关。鸢乌贼的栖息深度跨度较大，各海域间也有所不同，澳大利亚东部海域的成体栖息水深大于 600m，阿拉伯海个体的活动水深为 50～1100m。晚期稚鱼和成年鸢乌贼的活动范围波动较大，夜间于海面摄食，白天则处于 800～1200m 处，大西洋的成年鸢乌贼夜间活动水深在 0～150m，白天则可以下降至 1200m 处。Young(1998)认为夏威夷海域白天鸢乌贼至少下沉到 650m 处，阿拉伯海个体夜晚活动水深为 50～150m，在白天也有因为摄食而处于 200～350m 的现象。体型小的个体游泳能力相对较弱，往往出现在海面，体型大的鸢乌贼栖息水层较深，根据水下观测，鸢乌贼晚上最大下潜深度为 400m，中型群处于 0～200m 处，大型群处于 200～350m 处。鸢乌贼垂直方向上的迁移使其代谢机制和游泳方式均发生了一定的变化，其游泳方式偏向于尾鳍的摆动，并且在最小含氧层的个体产生了生理生化的适应性改变。

## 1.3 鸢乌贼资源分布及开发

### 1.3.1 栖息地与渔场

鸢乌贼分布海域为热带和亚热带海域。其中，微型群栖息地位于印度洋与太平洋 15°N～15°S 的赤道海域，也会因暖流流动出现在 20°N～26°N 和 20°S～27°S 海域；小型群栖息地位于红海、莫桑比克海峡等海域；中型双轴群栖息海域为除红海、阿拉伯海和亚丁湾以外的所有鸢乌贼分布海域；中型单轴群分布范围狭窄，分布在红海、阿拉伯海和亚丁湾等海域；大型群栖息海域为红海、阿拉伯海和亚丁湾，在赤道几内亚海域也有发现。

鸢乌贼的大洋性、散射型分布使早期的渔业捕捞较为困难，但随着灯光诱集技术和鱿钓船自动化技术的发展，以及其巨大的开发潜力，鸢乌贼的商业捕捞受到越来越多关注。可以形成鸢乌贼渔业的区域主要为阿拉伯海、亚丁湾和相邻的开放海域(12°N 以内)，印度洋赤道区南部(4°S～10°S 和 65°E～95°E)，马达加斯加和莫桑比克边缘之间的莫桑比克海域，太平洋赤道带(2°N～2°S 和 95°W～110°W)，沿秘鲁专属经济区边界的远洋部分(6°S～18°S)，夏威夷群岛附近地区，台湾和冲绳海域，其中在日本冲绳、中国台湾、中国南海和美国夏威夷已经具有商业性的鸢乌贼渔业。

鸢乌贼渔场与海面温度、海面高度、叶绿素 a 和浮游动物等海洋环境变量密切相关。印度洋西北海域鸢乌贼渔场研究表明，渔场的最适海面温度为 25～28℃(9～11 月的 27～28℃和从 12 月到次年 3 月的 26～27℃)，大部分高产渔场分布在海面高度异常的海域，海面高度＜0m，海面盐度为 35.5‰～36.5‰(钱卫国等，2006)。南海鸢乌贼基于单位努力渔获量(catch per unit effort，CPUE)的适宜栖息地海面温度和海面高度的适宜范围随月份的不同而波动，分别为 24.9～31.1℃和 0.009～0.223cm，初级生产力的适宜范围为 197.7～556.77mg C/($m^2$·d)(徐红云等，2016)。浮游动物组成和数量与鸢乌贼渔场的形成紧密相关，可以起到指示作用。在日捕捞产量大的印度洋渔场中，浮游动物主要由毛颚类(9.18mg/$m^3$)、桡足类(2.32mg/$m^3$)和糠虾类(1.38mg/$m^3$)组成，且均存在于 86%的个体胃中(钱卫国等，2006)。

### 1.3.2 资源量和密度

鸢乌贼总的资源量为 $800\times10^4$～$1100\times10^4$t，其中印度洋为 $300\times10^4$～$420\times10^4$t，太平洋为 $500\times10^4$～$700\times10^4$t。阿拉伯海和南海的鸢乌贼资源最为丰富，其中阿拉伯海鸢乌贼总资源量为 $100\times10^4$～$150\times10^4$t。南海鸢乌贼资源量的评估结果中，先期通过声学和鱿钓数据推算的南海鸢乌贼总资源量约为 $150\times10^4$t，后续调查认为南海中部鸢乌贼资源量为 $36.7\times10^4$t，南部为 $15.0\times10^4$t；张俊等(2014)根据声学数据认为南海鸢乌贼总资源量为 $244\times10^4$t。鸢乌贼的资源密度与体型大小和栖息深度相关，小型群密度较小，中型群和大型群密度较大。鸢乌贼在阿拉伯海海表的平均生物量非常低，为 40～50kg/km$^2$，与印度洋热带地区的平均生物量相当，而在大型群聚集区域(120m 处)的平均生物量非常高，约为 4.5t/km$^2$。

## 1.4　南海海域鸢乌贼研究概况

国内关于南海鸢乌贼的研究始于 2010 年。这些研究大体可以分为两部分，第一部分为基于混合群体所做的研究，该部分将中型群和微型群作为一个群体研究，所得结果波动较大；第二部分为基于单群体的研究，结果较为准确。南海鸢乌贼微型群和中型群的胴长分别为 56～118mm 和 79～226mm，日龄分别为 44～81d 和 30～135d。胃含物主要包括头足类、中上层鱼类、软体动物以及甲壳动物等。关于其资源量的评估工作也一直在更新，以往由于作业方式等的限制，资源量估算较低，最新声学调查所得的生物量较高。关于栖息地的研究也正在进行中，为探明鸢乌贼的资源变动机制做了铺垫。分子鉴定也应用到南海鸢乌贼的群体结构和胃含物鉴定等方面。关于鸢乌贼营养学等方面的研究也受到关注，为鸢乌贼的综合利用奠定了基础。由于南海周边国家众多，鸢乌贼也是其他国家关注的热点，东南亚渔业开发中心基于多年统计数据对南海海域鸢乌贼做了渔业生物学和资源量等方面的研究。

## 1.5　繁殖策略研究

繁殖策略是指物种个体为获得较高的繁殖适合度而采取的不同繁殖方式，是繁殖行为变异性的进化稳定策略，可以从产卵模式和生态对策的角度进行定义。例如，从产卵模式来看，繁殖策略可以分为单次繁殖和多次繁殖。为实现繁殖目标，物种的繁殖策略具有多样性。头足类由于生态和群体内部竞争等因素的相互作用，其繁殖策略更复杂。

### 1.5.1　繁殖力

繁殖是头足类生命史的关键阶段，了解每个物种的繁殖策略是研究其整个生命周期的关键，繁殖力是指一尾雌鱼在一个繁殖季节中排出的卵子数量。鱼类的年繁殖力是决定鱼类繁殖补充的关键机制之一，是发展健全渔业种群评估的关键参数，因此如何精确评估鱼类，特别是分批繁殖鱼类的年繁殖力显得非常重要。繁殖性状高度遗传，常常对鱼类的选择做出反应。如何估算分批繁殖力对评估年繁殖力至关重要。头足类的潜在繁殖力包括成熟和未成熟的性腺细胞总数，即卵巢中卵母细胞和输卵管中成熟卵子的和，分批繁殖力为一次产卵活动排出的卵细胞数量，在鸢乌贼属种中为排卵活动前在输卵管中储存的成熟卵子数量。各种类的繁殖力不尽相同，其中柔鱼类和枪乌贼类个体的繁殖力较大，其中以茎柔鱼(*Dosidicus gigas*)最大。头足类个体的潜在繁殖力与胴长、体重和性成熟度等级等具有相关性。但在排卵活动发生后，繁殖力将随着个体日龄的增加而减小，如滑柔鱼类潜在繁殖力在产卵开始后总体呈下降的趋势。

鸢乌贼成熟的卵细胞相对较小，可以通过颜色及表面的光滑程度将成熟卵细胞与未成熟卵母细胞区分开来，其尺寸不依赖于个体大小，成熟卵子的直径约为0.75mm，其数目存在地理和种内变异。测量所得大型鸢乌贼最大的卵块体积为25L，卵的密度为1～2个/$cm^3$。研究表明，1g卵巢含有2000～7000个卵母细胞，不同群体鸢乌贼的潜在繁殖力有所差异且与群体大小相关，胴长大于150mm之后卵巢中的卵子数量将迅速增加。小型鸢乌贼、中型鸢乌贼和大型鸢乌贼分别可以产生30万～35万、70万～85万和600万～2200万个卵母细胞。鸢乌贼精荚的长度与群体大小相关，小型群体、中型群体和大型群体的长度分别为8.8～11.7mm、16～32mm和40～50mm。

关于鸢乌贼繁殖力的研究多见于其他海域，且多为对混合群体的研究，在南海海域对鸢乌贼进行的相关研究也是基于中型群和微型群混合群体的研究，这就造成研究结果波动较大，规律性不明显，对深入认识鸢乌贼繁殖力特性造成困扰。研究结果还具有研究指标不完善的现象，如产卵批次、相对繁殖力、潜在繁殖力投入指数等研究设计较少，且繁殖力与个体大小的关系分析不明确。因此，对鸢乌贼繁殖力的研究应注重完善基础的参数指标并明确这些指标与形态特征的关系，在群体分析的基础上进行对比分析以深入认识该物种的产卵类型等内容。

### 1.5.2 产卵策略

从产卵模式来看，鱼类的繁殖策略主要有单次繁殖和多次繁殖两种类型，前者性腺发育成熟后会在繁殖期间排出所有卵子，将所有的机体能量全部用于繁殖产卵，且在一次繁殖活动结束后死亡；后者性腺发育成熟后会有多个产卵时期，一次性或分批次产卵，在整个生命周期中多次排卵，繁殖活动的能量来源偏向摄食，且在繁殖活动结束后继续存活。从生态对策的设计角度来看，鱼类的繁殖策略可以分为r策略和K策略两种类型，前者的自然生长率和死亡率较高、生长速率快、体型较小、生命周期较短，机体的能量更多地用于繁殖活动，而在生长等活动上投入的能量较少；后者的自然生长率和死亡率较低、生长速率慢、体型较大、生命周期较长，机体的能量更多地用于生长等活动，在繁殖上投入的能量较少。头足类的产卵策略可以从排卵类型、产卵式样和繁殖期间的生命活动特点进行定义，主要可以分为瞬时终端产卵型、多轮产卵型、多次产卵型、间歇终端产卵型和持续产卵型等五种类型。瞬时终端产卵型个体性腺只发育一次，卵母细胞成熟后会在较短的产卵期间全部排出，为单轮产卵式样，产卵期间无摄食、生长活动，代表种类为太平洋褶柔鱼(*Todarodes pacificus*)；多轮产卵型个体性腺发育一次或多次，卵母细胞分批成熟和排出，为多轮产卵式样，产卵结束后继续摄食并生长，具有多个产卵季节，代表种类为鹦鹉螺；多次产卵型个体性腺发育一次，卵母细胞多次发生，分批成熟后分批排出，为单轮产卵式样，产卵间隙继续摄食并生长，代表种类为鸢乌贼；间歇终端产卵型个体性腺发育一次，卵母细胞一次产生，分批成熟后分批排出，为单轮产卵式样，产卵期间无摄食、生长活动，代表种类为阿根廷滑柔鱼(*Illex argentinus*)；持续产卵型个体性腺发育一次，卵母细胞持续产生，随机成熟后排出，为单轮产卵式样，产卵间隙继续摄食并生长，代表种类为船蛸(*Argonauta argo*)。

鸢乌贼繁殖准备过程可以分为两部分：第一部分为卵巢及其附属器官的发育；第二部分为卵巢的成熟和输卵管中成熟卵子的集聚暂存。鸢乌贼性腺组织的发育具有阶段性，如胴长为 150～160mm 时缠卵腺的长度为 20mm，胴长为 180～190mm 时缠卵腺长度则达到 70mm。鸢乌贼个体多次交配的时间可以持续 1～3 个月，产卵在全年中都可发生，具有季节性的变化。鸢乌贼冬季雌性数量约为雄性的 2 倍，夏季雄性数量约为雌性的 2 倍，缠卵腺指数分析结果也表明雌性和雄性的性成熟高峰期分别在冬季和夏季。研究发现，东太平洋、南海、印度洋西北部等海域全年可见鸢乌贼性成熟个体。然而，不同海域和群体的性成熟高峰期不同，印度洋西北部鸢乌贼繁殖高峰期是 3～5 月，不同于西沙群岛海域的夏季、巴士海峡的冬季和东南太平洋海域的 12 月至次年 2 月；小型群的产卵高峰期是夏季，而中型群和大型群分别为秋季到冬季或春季。研究表明，鸢乌贼在夜间的海水表层中以抱头式进行交配，交配过程中双方会下沉，无须准备，持续时间非常短，只有 0.5～2min，交配后大约 150 个精囊到达雌性鸢乌贼的口器内，成活的精子会被保存在位于颊膜的纳精囊中。产卵发生在夜间的海洋光合作用带，产卵活动是间歇性、分批次的，产卵过程中雌性可能不再具有趋光性。产卵活动结束后，雌性鸢乌贼会继续摄食和生长，等到卵母细胞再次成熟，然后进行下一次的产卵活动，产卵数量基本一致。鸢乌贼成熟雌性卵巢中成熟卵母细胞和卵黄合成前卵母细胞数量很大，在产卵过后性腺继续发育，待剩余的卵母细胞生长成熟后再次产卵。在成熟和产卵过程中，鸢乌贼成熟的卵母细胞从卵巢转移到输卵管中，直到充满并准备排卵；产卵完成后，输卵管会再次接收到新的成熟卵母细胞。总体上看，鸢乌贼繁殖策略表现为卵子小、繁殖力大、间歇产卵、批次产卵间继续摄食并生长。

目前关于鸢乌贼繁殖策略的研究多集中于印度洋大型群，对不同群体、不同海域的研究有待深入；其次，研究角度和方法较为单一，从能量角度以及性腺细胞发育等角度展开的研究较少涉及；再者，繁殖投入研究只停留在单独海域定性分析，未进行直接技术验证。因此，应以单一群体为单位，从多角度对其繁殖生物学进行分析探讨，以求全面、准确地掌握鸢乌贼的繁殖策略。

# 第 2 章　南海鸢乌贼角质颚外部形态变化特性及其与个体关系

掌握鸢乌贼渔业生物学是对该资源进行有效开发、科学管理的前提和基础，头足类角质颚蕴藏着大量生物学和生态学信息。同时，鸢乌贼种群结构复杂，同一海域中不同群体的生物学特性存在差异，角质颚外形变化特性可在一定程度上反映鸢乌贼的个体生长情况。角质颚在头足类生长过程中存在明显的色素沉着现象，这种现象与摄食习性的改变关系密切。本章对我国灯光罩网渔船在中国南海生产调查期间采集的鸢乌贼样本的角质颚外部形态变化特性进行研究，分析不同性别、不同胴长和不同性成熟度对南海鸢乌贼角质颚外部形态变化的影响，以及其角质颚色素沉着变化特性，为利用角质颚外部形态变化特性分析鸢乌贼的个体生长、生活史、摄食行为和食性变化提供科学基础。

## 2.1　角质颚外部形态测量及其形态参数分析

### 2.1.1　角质颚外部描述与形态测量

鸢乌贼角质颚系“地包天”式嵌合，下颚包嵌上颚，与普通鸟喙的嵌合式相反。喙部作为生长起始点，色素沉着最多、硬度最大、颜色最深。色素沉着随头盖、翼部、脊突和侧壁变少，颜色逐渐变浅、硬度逐渐减小。上颚的上头盖长(upper hood length，UHL)、上脊突长(upper crest length，UCL)和上喙长(upper rostrum length，URL)均大于下颚的下头盖长(lower hood length，LHL)、下脊突长(lower crest length，LCL)和下喙长(lower rostrum length，LRL)，但上颚的上翼长(upper wing length，UWL)较短于下颚的下翼长(lower wing length，LWL)。上颚喙部下缘与翼部形成一夹角即颚角，且上颚颚角远小于下颚颚角，下颚头盖与脊突连接处具一明显缺刻，上喙两侧与上翼两侧均具一缺刻(图 2-1)。

利用游标卡尺首先沿水平和垂直两个方向进行校准，然后对角质颚的 UHL、UCL、URL、上喙宽(upper rostrum width, URW)、上侧壁长(upper lateral wall length, ULWL)、UWL、LHL、LCL、LRL、下喙宽(lower rostrum width, LRW)、下侧壁长(lower lateral wall length, LLWL)和 LWL 等 12 项形态参数进行测量(图 2-2)，测量结果精确至 0.1mm。

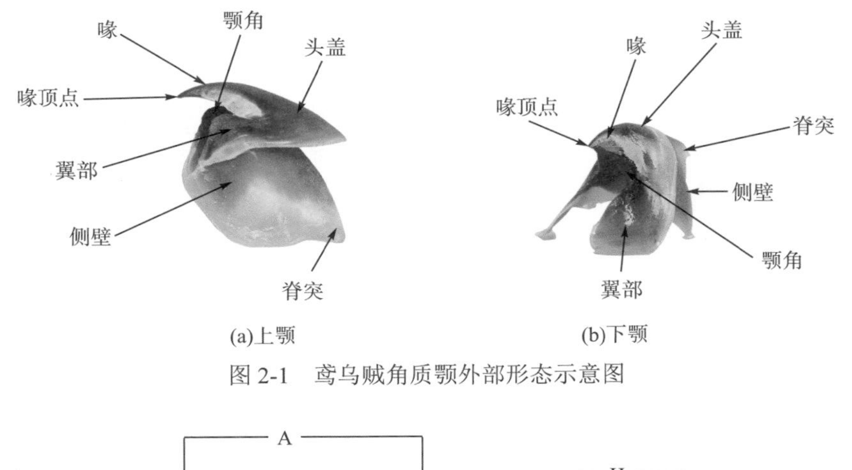


图 2-1　鸢乌贼角质颚外部形态示意图

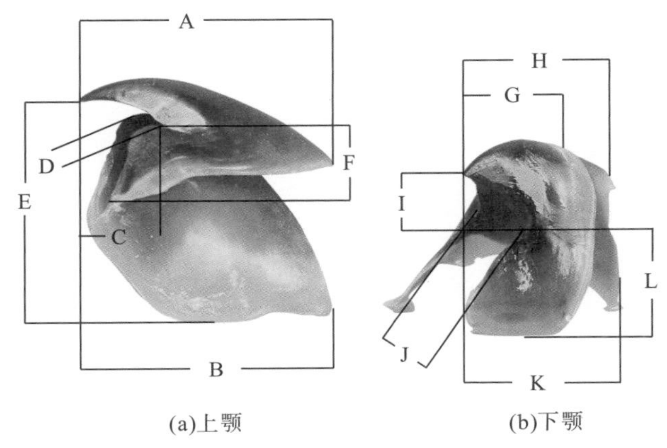


图 2-2　鸢乌贼角质颚外部形态参数测量示意图

A.上头盖长(UHL)；B.上脊突长(UCL)；C.上喙长(URL)；D.上喙宽(URW)；E.上侧壁长(ULWL)；F.上翼长(UWL)；G.下头盖长(LHL)；H.下脊突长(LCL)；I.下喙长(LRL)；J.下喙宽(LRW)；K.下侧壁长(LLWL)；L.下翼长(LWL)

## 2.1.2　外部形态参数分析

经测量，鸢乌贼角质颚上、下颚各形态参数值如表 2-1 所示。

**表 2-1　鸢乌贼角质颚外部形态参数**

| 外部形态参数 | 范围 | 外部形态参数 | 范围 |
|---|---|---|---|
| UHL | 0.06～21.74mm | LHL | 0.94～7.07mm |
| UCL | 3.97～18.35mm | LCL | 1.56～13.19mm |
| URL | 0.24～6.64mm | LRL | 1.00～6.12mm |
| URW | 1.23～7.23mm | LRW | 0.98～10.12mm |
| ULWL | 0.66～10.96mm | LLWL | 1.38～18.67mm |
| UWL | 1.01～7.44mm | LWL | 0.39～33.12mm |

对角质颚上、下颚的 12 个外部形态参数分别进行主成分分析(表 2-2 和表 2-3)。从表 2-2 可看出，对于上颚，其第一、第二因子解释形态参数的贡献率分别为 68.36%和 14.47%，

累计贡献率约为82.83%。第一主成分与上颚的UHL、UCL、URL、UWL、URW和ULWL都呈近似相等的正相关，载荷系数均在0.421及以上，其中URW、UHL的载荷系数较大，分别为0.928和0.910，因此第一主成分可以被认为是上颚各区长度特征的代表；第二主成分与UWL和ULWL呈正相关，且与UWL的载荷系数为0.904，而与UHL、UCL、URL和URW呈负相关；第三主成分与UCL呈较大的正相关，与ULWL呈较大的负相关；第四主成分与UHL、UCL呈中等程度正相关，与URL呈较大负相关，因此UCL、UHL和URL可以作为角质颚外形长度参数表征因子，URW、ULWL和UWL可以作为角质颚上颚外形宽度参数表征因子。

**表2-2 鸢乌贼角质颚上颚6个外部形态参数6个主成分载荷系数和贡献率**

| 主成分 | 载荷系数 | | | | | | 贡献率/% | 累计贡献率/% |
|---|---|---|---|---|---|---|---|---|
| | UHL | UCL | URL | URW | ULWL | UWL | | |
| 1 | 0.910 | 0.876 | 0.886 | 0.928 | 0.826 | 0.421 | 68.36 | 68.36 |
| 2 | −0.062 | −0.158 | −0.083 | −0.125 | 0.003 | 0.904 | 14.47 | 82.83 |
| 3 | −0.054 | 0.256 | 0.188 | 0.087 | −0.548 | 0.072 | 6.94 | 89.77 |
| 4 | 0.277 | 0.300 | −0.359 | −0.185 | −0.038 | 0.013 | 5.52 | 95.29 |
| 5 | −0.288 | 0.200 | −0.123 | 0.112 | 0.100 | 0.019 | 2.68 | 97.97 |
| 6 | −0.07 | 0.114 | 0.169 | −0.264 | 0.075 | −0.006 | 2.03 | 100 |

**表2-3 鸢乌贼角质颚下颚6个外部形态参数6个主成分载荷系数和贡献率**

| 主成分 | 载荷系数 | | | | | | 贡献率/% | 累计贡献率/% |
|---|---|---|---|---|---|---|---|---|
| | LHL | LCL | LRL | LRW | LLWL | LWL | | |
| 1 | 0.854 | 0.768 | 0.898 | 0.771 | 0.882 | 0.636 | 65.30 | 65.30 |
| 2 | −0.369 | 0.488 | −0.073 | −0.564 | 0.194 | 0.425 | 15.27 | 80.57 |
| 3 | 0.034 | −0.324 | −0.127 | 0.130 | −0.20 | 0.644 | 9.62 | 90.19 |
| 4 | 0.212 | −0.001 | −0.389 | −0.023 | 0.222 | −0.014 | 4.11 | 94.31 |
| 5 | 0.266 | 0.176 | −0.016 | −0.118 | −0.294 | 0.004 | 3.37 | 97.67 |
| 6 | −0.135 | 0.1901 | −0.141 | 0.237 | −0.095 | −0.002 | 2.33 | 100 |

从表2-3可看出，第一、第二主成分解释形态参数的贡献率分别为65.30%和15.27%，累计贡献率约为80.57%；其中，第一主成分与下颚的LHL、LCL、LRL、LWL、LRW和LLWL都呈近似相等的正相关，载荷系数均在0.636及以上，因此第一主成分可以被认为是下颚各区长度特征的表征参数；第二主成分与LCL、LWL、LLWL呈正相关，并且与LCL的载荷系数达到0.488；第三主成分与LWL呈较大的正相关，载荷系数为0.644，而与LCL呈较大的负相关。因此LCL、LHL和LRL可以作为角质颚外形长度参数表征因子，LRW、LLWL和LWL可以作为角质颚下颚外形宽度参数表征因子。

根据以上分析，可以选取鸢乌贼角质颚的UCL、LCL、UHL、LHL、UWL、LWL、ULWL和LLWL来描述角质颚的外部形态特征。

# 2.2　角质颚外部形态参数与胴长、体重的关系

## 2.2.1　角质颚外部形态参数与胴长的关系

协方差分析表明，不同性别间，角质颚主要外部形态参数 UHL（$F$=5.313，$P$=0.021<0.05）、LWL（$F$=3.971，$P$=0.047<0.05）与胴长（mantle length，ML）的关系存在性别间显著性差异。因此，分不同性别研究角质颚 UHL、LWL 与 ML 的关系；而其余参数 UCL（$F$=1.315，$P$=0.252>0.05）、UWL（$F$=3.671，$P$=0.056>0.05）、ULWL（$F$=0.74，$P$=0.39>0.05）、LHL（$F$=1.7541，$P$=0.1866>0.05）、LCL（$F$=2.790，$P$=0.095>0.05）和 LLWL（$F$=2.340，$P$=0.127>0.05）都不存在显著性差异，因此不区分性别研究角质颚外部形态参数与 ML 的关系。

通过方程的拟合及赤池信息量准则（Akaike information criterion，AIC）值的比较（表 2-4），得到所有外形特征参数中，除 LLWL 和雄性个体的 UHL 与 ML 的关系最适合用线性方程表示外，其余均最适用指数方程表示。

**表 2-4　鸢乌贼角质颚外形与胴长的生长模型参数与 AIC 值比较**

| 外形参数 | 生长模型 | $a$ | $b$ | $R^2$ | AIC | 外形参数 | 生长模型 | $a$ | $b$ | $R^2$ | AIC |
|---|---|---|---|---|---|---|---|---|---|---|---|
| UHL ♀ | 线性 | 0.0657 | 1.7929 | 0.9358 | 395.3972 | UHL ♂ | 线性 | 0.057 | 2.2513 | 0.6237 | 341.3242 |
| | 幂 | 0.1791 | 0.6527 | 0.9333 | 405.1792 | | 幂 | 0.171 | 0.6983 | 0.6131 | 350.6381 |
| | 指数 | 3.9369 | 0.0074 | 0.9437 | 362.7810 | | 指数 | 3.8365 | 0.0073 | 0.6140 | 343.3856 |
| | 对数 | 5.8491 | −18.4603 | 0.9217 | 445.0684 | | 对数 | 5.3998 | 16.7991 | 0.6210 | 343.6738 |
| UCL | 线性 | 0.0559 | 2.2746 | 0.5765 | 675.4286 | UWL | 线性 | 0.0170 | 0.7244 | 0.5605 | 423.9766 |
| | 幂 | 0.1687 | 0.6320 | 0.5515 | 703.6044 | | 幂 | 0.0520 | 0.5788 | 0.5337 | 398.6126 |
| | 指数 | 3.9257 | 0.0069 | 0.6091 | 648.7875 | | 指数 | 1.1407 | 0.0074 | 0.6104 | 376.6596 |
| | 对数 | 5.1178 | −15.6305 | 0.5210 | 736.2520 | | 对数 | 1.4513 | −4.2444 | 0.5057 | 394.3724 |
| LHL | 线性 | 0.0040 | 2.0541 | 0.8796 | 22.7424 | LCL | 线性 | 0.0369 | 0.9902 | 0.5462 | 417.1407 |
| | 幂 | 0.0017 | 0.0710 | 0.8754 | 31.3765 | | 幂 | 0.1003 | 0.8467 | 0.5311 | 433.7262 |
| | 指数 | 2.0652 | 0.0017 | 0.8793 | 22.0794 | | 指数 | 2.0635 | 0.0081 | 0.6035 | 362.0626 |
| | 对数 | 0.2104 | 1.4845 | 0.8822 | 29.2577 | | 对数 | 3.0193 | −9.1891 | 0.4633 | 503.2339 |
| LWL ♀ | 线性 | 0.0308 | 1.0111 | 0.9714 | 70.5236 | LWL ♂ | 线性 | 0.0371 | 0.3308 | 0.6498 | 39.5048 |
| | 幂 | 0.0875 | 0.5918 | 0.9659 | 80.1111 | | 幂 | 0.0866 | 0.8434 | 0.6434 | 33.6536 |
| | 指数 | 1.9541 | 0.0073 | 0.9751 | 40.0842 | | 指数 | 1.5100 | 0.0097 | 0.6663 | 25.2304 |
| | 对数 | 2.6608 | −8.1055 | 0.9656 | 111.1770 | | 对数 | 3.4180 | −9.6537 | 0.6236 | 36.1181 |
| ULWL | 线性 | 0.0300 | 1.5550 | 0.9344 | 164.7329 | LLWL | 线性 | 0.0842 | −1.3993 | 0.8199 | 442.6371 |
| | 幂 | 0.0979 | 0.5409 | 0.9035 | 208.5487 | | 幂 | 0.1514 | 1.1743 | 0.7751 | 560.0776 |
| | 指数 | 2.3164 | 0.0067 | 0.9388 | 129.5444 | | 指数 | 2.7289 | 0.0093 | 0.7946 | 512.1227 |
| | 对数 | 2.4843 | −6.8490 | 0.9326 | 237.1031 | | 对数 | 8.4028 | −31.5545 | 0.7960 | 508.4675 |

注：下划线表示最适模型，后同。

### 2.2.2　角质颚外部形态参数与体重的关系

协方差分析表明，不同性别间，角质颚主要外部形态参数与体重(body weight，BW)均存在显著性差异：UHL($F$=85.838，$P$=0.00<0.05)、UCL($F$=67.068，$P$=0.00<0.05)、UWL($F$=38.934，$P$=0.00<0.05)、ULWL($F$=52.216，$P$=0.00<0.05)、LHL($F$=49.494，$P$=0.00<0.05)、LCL($F$=62.357，$P$=0.00<0.05)、LWL($F$=21.090，$P$=0.00<0.05)、LLWL($F$=67.363，$P$=0.00<0.05)。因此，区分不同性别研究角质颚外部形态参数与BW的关系。

通过方程的拟合及AIC值比较(表2-5)，得到雌性个体所有外部形态参数与BW的关系均最适合用线性方程表示，雄性个体除UCL和UWL最适合用指数方程表示外，其余也最适合用线性方程表示。

**表2-5　鸢乌贼角质颚外形与体重生长模型的参数与AIC值比较**

| 外形参数 | 生长模型 | $a$ | $b$ | $R^2$ | AIC | 外形参数 | 生长模型 | $a$ | $b$ | $R^2$ | AIC |
|---|---|---|---|---|---|---|---|---|---|---|---|
| UHL ♀ | 线性 | 0.0301 | 6.8372 | 0.9006 | 370.6258 | UHL ♂ | 线性 | 0.0621 | 5.2536 | 0.8990 | 105.5260 |
| | 幂 | 0.2478 | 0.3385 | 0.9500 | 464.2513 | | 幂 | 0.3125 | 0.3229 | 0.8857 | 133.4733 |
| | 指数 | 7.6530 | 0.0016 | 0.8523 | 474.6603 | | 指数 | 5.7370 | 0.0072 | 0.8780 | 121.5459 |
| | 对数 | 2.9634 | −2.6111 | 0.9433 | 222.9160 | | 对数 | 2.5365 | −1.2150 | 0.9003 | 155.2595 |
| UCL ♀ | 线性 | 0.0216 | 6.8695 | 0.8594 | 357.8856 | UCL ♂ | 线性 | 0.0527 | 5.4373 | 0.7983 | 269.7047 |
| | 幂 | 2.8258 | 0.2750 | 0.8321 | 564.5660 | | 幂 | 3.0264 | 0.2542 | 0.7982 | 280.3694 |
| | 指数 | 7.3663 | 0.0014 | 0.8326 | 402.0778 | | 指数 | 5.7390 | 0.0066 | 0.8005 | 265.5115 |
| | 对数 | 2.2519 | −0.3493 | 0.8989 | 274.4249 | | 对数 | 1.9945 | 0.5151 | 0.7565 | 342.4944 |
| UWL ♀ | 线性 | 0.0091 | 1.9717 | 0.9267 | 325.7102 | UWL ♂ | 线性 | 0.0167 | 1.6459 | 0.6396 | 202.6525 |
| | 幂 | 0.0731 | 0.3315 | 0.3746 | 306.0445 | | 幂 | 0.0944 | 0.2660 | 0.5685 | 117.0497 |
| | 指数 | 2.1995 | 0.0017 | 0.9032 | 356.5592 | | 指数 | 1.7384 | 0.0069 | 0.6416 | 104.6629 |
| | 对数 | 0.8337 | −0.6468 | 0.9314 | 291.8960 | | 对数 | 0.6212 | 0.1235 | 0.5945 | 159.6137 |
| ULWL ♀ | 线性 | 0.0144 | 3.8313 | 0.8725 | 167.7140 | ULWL ♂ | 线性 | 0.0327 | 3.0568 | 0.8285 | 163.5380 |
| | 幂 | 0.1343 | 0.3335 | 0.1054 | 268.3186 | | 幂 | 1.5079 | 0.2958 | 0.7862 | 186.7183 |
| | 指数 | 4.1971 | 0.0015 | 0.8439 | 219.6902 | | 指数 | 3.2860 | 0.0068 | 0.8181 | 241.2944 |
| | 对数 | 1.5228 | −1.0640 | 0.9154 | 162.3346 | | 对数 | 1.2945 | −0.1903 | 0.8194 | 243.9692 |
| LHL ♀ | 线性 | 0.0094 | 2.0543 | 0.9402 | 261.8342 | LHL ♂ | 线性 | 0.0198 | 1.5374 | 0.7879 | 468.5306 |
| | 幂 | 0.0746 | 0.3479 | 0.5685 | 328.0998 | | 幂 | 0.7109 | 0.3285 | 0.6512 | 497.3271 |
| | 指数 | 2.3078 | 0.0017 | 0.9187 | 285.8884 | | 指数 | 1.6898 | 0.0076 | 0.7768 | 504.9115 |
| | 对数 | 0.9138 | −0.8489 | 0.9556 | 235.9043 | | 对数 | 0.7622 | −0.3535 | 0.7690 | 535.4893 |
| LCL ♀ | 线性 | 0.0163 | 3.8397 | 0.9626 | 128.0189 | LCL ♂ | 线性 | 0.0373 | 2.8848 | 0.8357 | 173.6355 |
| | 幂 | 0.1432 | 0.3502 | 0.7127 | 221.4017 | | 幂 | 1.3604 | 0.3248 | 0.7756 | 203.4791 |
| | 指数 | 4.2350 | 0.0016 | 0.9531 | 182.8181 | | 指数 | 3.1615 | 0.0078 | 0.8269 | 183.6741 |
| | 对数 | 1.6401 | −1.3781 | 0.9714 | 103.2961 | | 对数 | 1.4291 | −0.6513 | 0.8073 | 162.6868 |
| LWL ♀ | 线性 | 0.0147 | 3.1836 | 0.5561 | 151.8572 | LWL ♂ | 线性 | 0.0309 | 2.5255 | 0.7921 | 176.8260 |
| | 幂 | 0.1163 | 0.3802 | 0.5122 | 133.0144 | | 幂 | 1.1955 | 0.3175 | 0.78714 | 196.7810 |
| | 指数 | 3.5845 | 0.0017 | 0.4055 | 143.1688 | | 指数 | 2.7489 | 0.0075 | 0.6742 | 267.2241 |
| | 对数 | 1.5124 | −1.6769 | 0.7092 | 131.3149 | | 对数 | 1.1966 | −0.4493 | 0.6558 | 247.3232 |
| LLWL ♀ | 线性 | 0.0270 | 5.9044 | 0.8686 | 335.1161 | LLWL ♂ | 线性 | 0.0557 | 4.6281 | 0.8018 | 105.1707 |
| | 幂 | 0.2163 | 0.3944 | 0.2397 | 293.2678 | | 幂 | 0.2784 | 0.3194 | 0.7957 | 147.4244 |
| | 指数 | 6.6582 | 0.0016 | 0.8257 | 308.8776 | | 指数 | 5.0443 | 0.0074 | 0.7864 | 193.3666 |
| | 对数 | 2.8326 | −3.2235 | 0.9246 | 290.0813 | | 对数 | 2.2236 | −0.9893 | 0.7753 | 112.3478 |

# 2.3　角质颚主要外部形态参数与个体的关系

## 2.3.1　不同性别间角质颚外部形态参数差异

协方差分析表明，UHL（$F$=5.156，$P$=0.024＜0.05）、UCL（$F$=4.813，$P$=0.029＜0.05）和 LHL（$F$=6.170，$P$=0.013＜0.05）3 项外形特征因子存在性别间显著性差异（$P$＜0.05），而 URW（$F$=0.030，$P$=0.862＞0.05）、ULWL（$F$=2.452，$P$=0.118＞0.05）、LCL（$F$=3.529，$P$=0.061＞0.05）、LRL（$F$=0.081，$P$=0.777＞0.05）、LLWL（$F$=2.552，$P$=0.111＞0.05）5 项特征因子不存在性别间显著性差异。因此，将 UHL、UCL 和 LHL 3 项外形特征因子分不同性别开展研究，而 URW、ULWL、LCL、LRL 和 LLWL 5 项因子不分性别进行研究。

## 2.3.2　不同胴长组之间角质颚外部形态参数差异

以 30mm 作为间距，将鸢乌贼胴长划分为 4 组（30～60mm、60～90mm、90～120mm、120～150mm），分性别研究 UHL、UCL 和 LHL 变化与胴长的关系；不分性别研究 URW、ULWL、LCL、LRL 和 LLWL 变化与胴长的关系。

对于雄性样本，协方差分析结果显示，UHL（$F$=67.107，$P$=0.000＜0.05）、UCL（$F$=44.667，$P$=0.000＜0.05）和 LHL（$F$=36.331，$P$=0.000＜0.05）在 4 个胴长组间均存在极显著差异（$P$＜0.01）。最小显著差数（least significant difference，LSD）分析表明，3 个特征因子只有胴长组 30～60mm 与 60～90mm 间不存在显著性差异（$P$＞0.05），胴长组 30～60mm 与 90～120mm 和 120～150mm 间、60～90mm 与 90～120mm 和 120～150mm 间及 90～120mm 与 120～150mm 间均存在极显著差异（$P$＜0.01）［图 2-3（a）］。

对于雌性样本，UHL（$F$=38.197，$P$=0.000＜0.05）、UCL（$F$=26.131，$P$=0.000＜0.05）和 LHL（$F$=15.566，$P$=0.000＜0.05）在 4 个胴长组间均呈极显著差异（$P$＜0.01）。LSD 分析表明，3 个特征因子，只有胴长 30～60mm 与 60～90mm 间不存在显著性差异（$P$＞0.05），胴长组 60～90mm 与 90～120mm 和 120～150mm 间、90～120mm 与 120～150mm 间均存在显著性差异（$P$＜0.05）［图 2-3（b）］。

对于无性别差异的外形特征因子，协方差分析结果显示 URW（$F$=60.873，$P$=0.000＜0.05）、ULWL（$F$=49.590，$P$=0.000＜0.05）、LCL（$F$=90.686，$P$=000＜0.05）、LRL（$F$=68.489，$P$=0.000＜0.05）和 LLWL（$F$=88.447，$P$=0.000＜0.05）5 项外形特征因子在 4 个胴长组间均存在极显著差异（$P$＜0.01）。LSD 分析表明，5 项特征因子，只有胴长组 30～60mm 与 60～90mm 间不存在显著性差异，胴长组 60～90mm 与 90～120mm 和 120～150mm 间、90～120mm 与 120～150mm 间均存在极显著差异（$P$＜0.01）［图 2-3（c）］。总体而言，所有特征因子均随着鸢乌贼胴长增加而逐渐增大，角质颚外形也逐渐增大，120～150mm 胴长组可能是鸢乌贼角质颚外部形态变化的拐点。

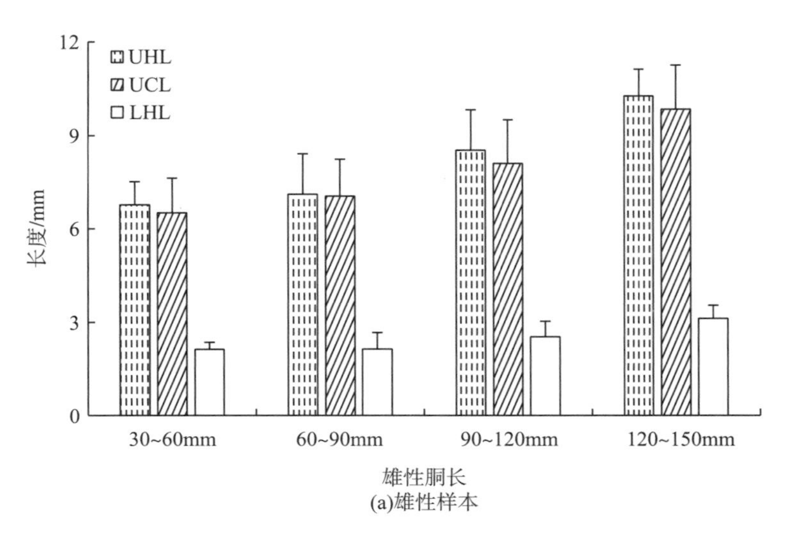

(a)雄性样本

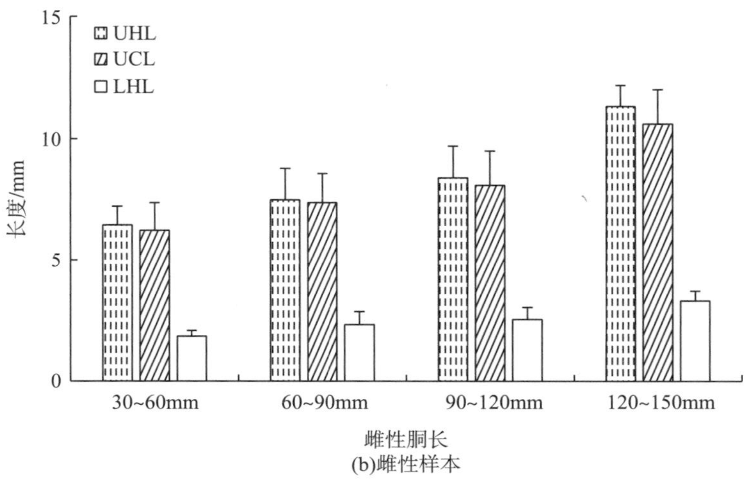

(b)雌性样本

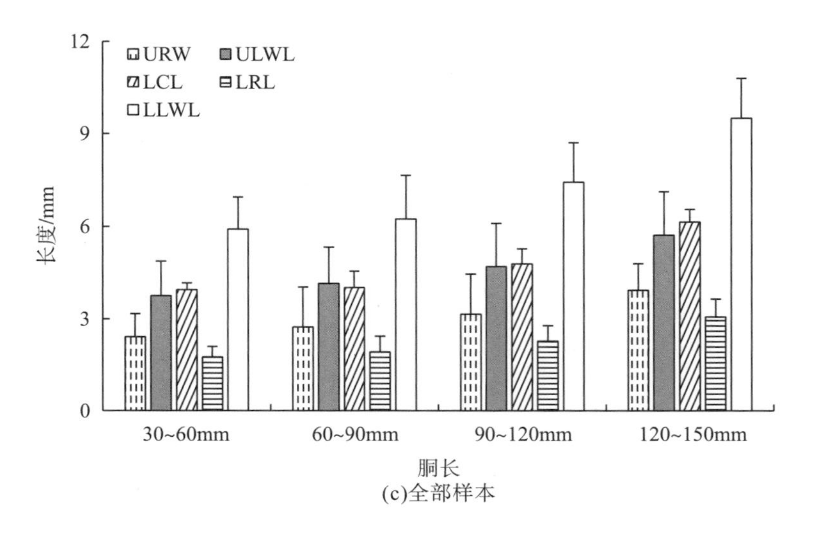

(c)全部样本

图 2-3 不同胴长组之间鸢乌贼角质颚外形特征因子变化

### 2.3.3　不同性成熟度之间角质颚外部形态参数差异

对于雄性样本，协方差分析结果显示，UHL（$F$ =7.367，$P$ =0.000＜0.05）、UCL（$F$ = 7.637，$P$=0.000＜0.05）和 LHL（$F$ =6.348，$P$=0.001＜0.05）均存在性成熟度间的显著性差异（$P$＜0.05）。LSD 分析表明，3 个特征因子在性成熟度 I 期与Ⅲ期、 I 期与Ⅳ期、 I 期与Ⅴ期、Ⅱ期与Ⅲ期、Ⅱ期与Ⅳ期、Ⅱ期与Ⅴ期均存在显著性差异（$P$＜0.05），而 I 期与Ⅱ期、Ⅲ期与Ⅳ期、Ⅲ期与Ⅴ期、Ⅳ期与Ⅴ期则不存在显著性差异（$P$＞0.05）［图 2-4(a)］。

对于雌性样本，协方差分析结果显示，UHL（$F$=4.359，$P$=0.014＜0.05）、UCL（$F$=5.888，$P$ =0.003＜0.05）和 LHL（$F$ =3.434，$P$ =0.034＜0.05）均存在性成熟度间的显著性差异（$P$＜0.05）。LSD 分析表明，3 个特征因子仅性成熟度 I 期与Ⅲ期存在显著性差异（$P$＜0.05）；Ⅱ期与Ⅲ期不存在显著性差异（$P$＞0.05）［图 2-4(b)］。

对于无性别差异的参数，协方差分析结果显示 URW（$F$=11.700，$P$=0.000＜0.01）、ULWL（$F$=6.699，$P$=0.000＜0.01）、LCL（$F$=8.231，$P$=000＜0.01）、LRL（$F$=6.079，$P$=0.000＜0.01）和 LLWL（$F$=10.125，$P$=0.000＜0.01）均存在性成熟度间的极显著差异（$P$＜0.01）。LSD 分析表明，5 个特征因子 I 期与Ⅲ期、 I 期与Ⅳ期、 I 期与Ⅴ期、Ⅱ期与Ⅲ期、Ⅱ期与Ⅳ期、Ⅱ期与Ⅴ期均存在显著性差异（$P$＜0.05），而 I 期与Ⅱ期、Ⅲ期与Ⅳ期、Ⅲ期与Ⅴ期、Ⅳ期与Ⅴ期则不存在显著性差异（$P$＞0.05）［图 2-4(c)］。总体而言，随着性腺发育成熟，8 个特征因子逐渐增加，且在Ⅱ期至Ⅲ期（成熟期）生长速率较快，Ⅳ期和Ⅴ期生长平稳，性成熟度Ⅲ期可能是南海鸢乌贼角质颚外部形态变化的拐点。

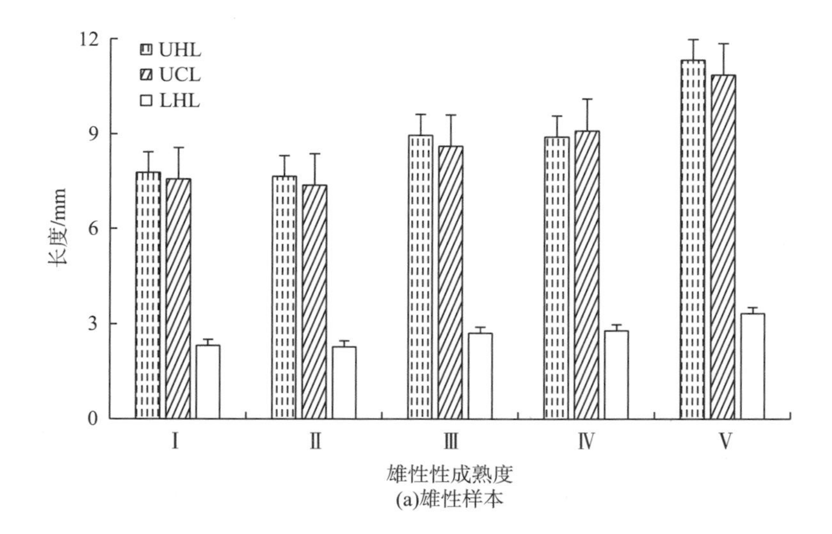


(a)雄性样本

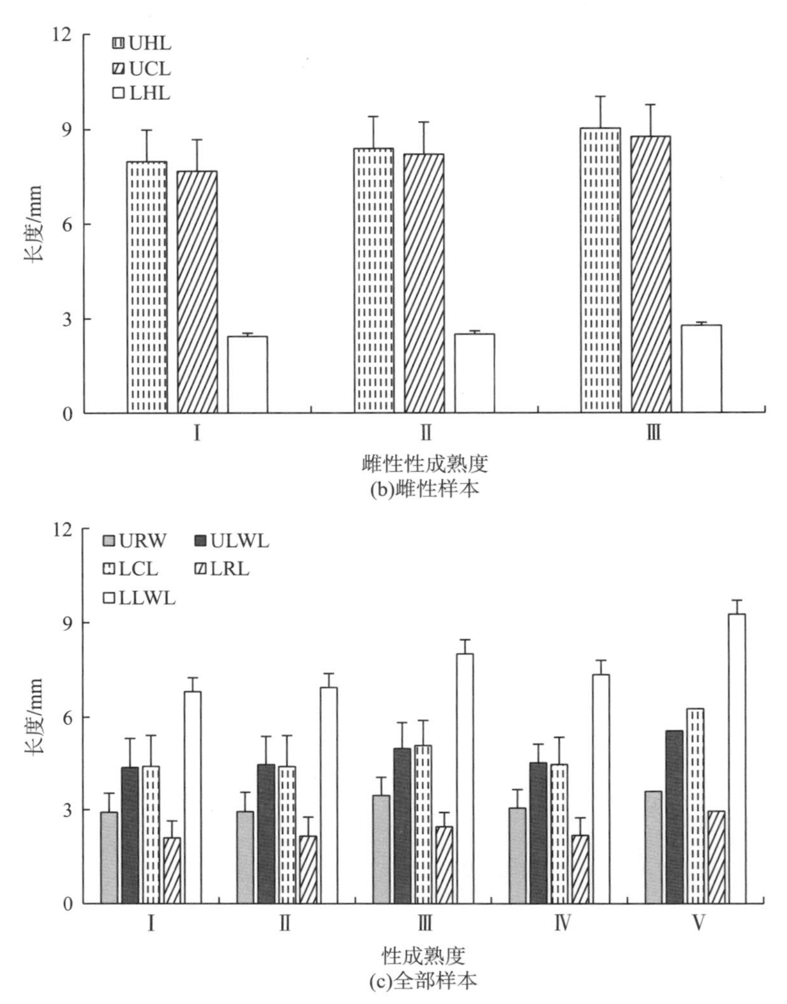


(b)雌性样本

(c)全部样本

图 2-4 不同性成熟度之间鸢乌贼角质颚外形特征因子变化

### 2.3.4 角质颚外形特征因子与脊突长之比值和个体生长的关系

对于上颚，协方差分析结果显示，UHL/UCL、URL/UCL、URW/UCL、ULWL/UCL 和 UWL/UCL 均不存在不同性别、不同胴长和不同性成熟度间的显著性差异($P>0.05$)。UHL/UCL、URL/UCL、URW/UCL、ULWL/UCL 和 UWL/UCL 平均值分别为 91.24%±12.10%、31.72%±4.11%、37.25%±4.94%、58.37%±10.55%、30.89%±6.26%，角质颚上颚各部与脊突长的比值随鸢乌贼胴长的增加基本维持稳定(图 2-5)。

对于下颚，协方差分析结果显示，LHL/LCL、LRL/LCL、LRW/LCL、LLWL/LCL 和 LWL/LCL 也均不存在不同性别、不同胴长和不同性成熟度间的显著性差异($P>0.05$)。LHL/LCL、LRL/LCL、LRW/LCL、LLWL/LCL 和 LWL/LCL 的平均值分别为 53.95%±7.23%、48.12%±5.14%、62.64%±6.26%、156.40%±15.66%、86.68%±10.77%，角质颚下颚各部与脊突长的比值随鸢乌贼胴长的增加基本维持稳定(图 2-5)。

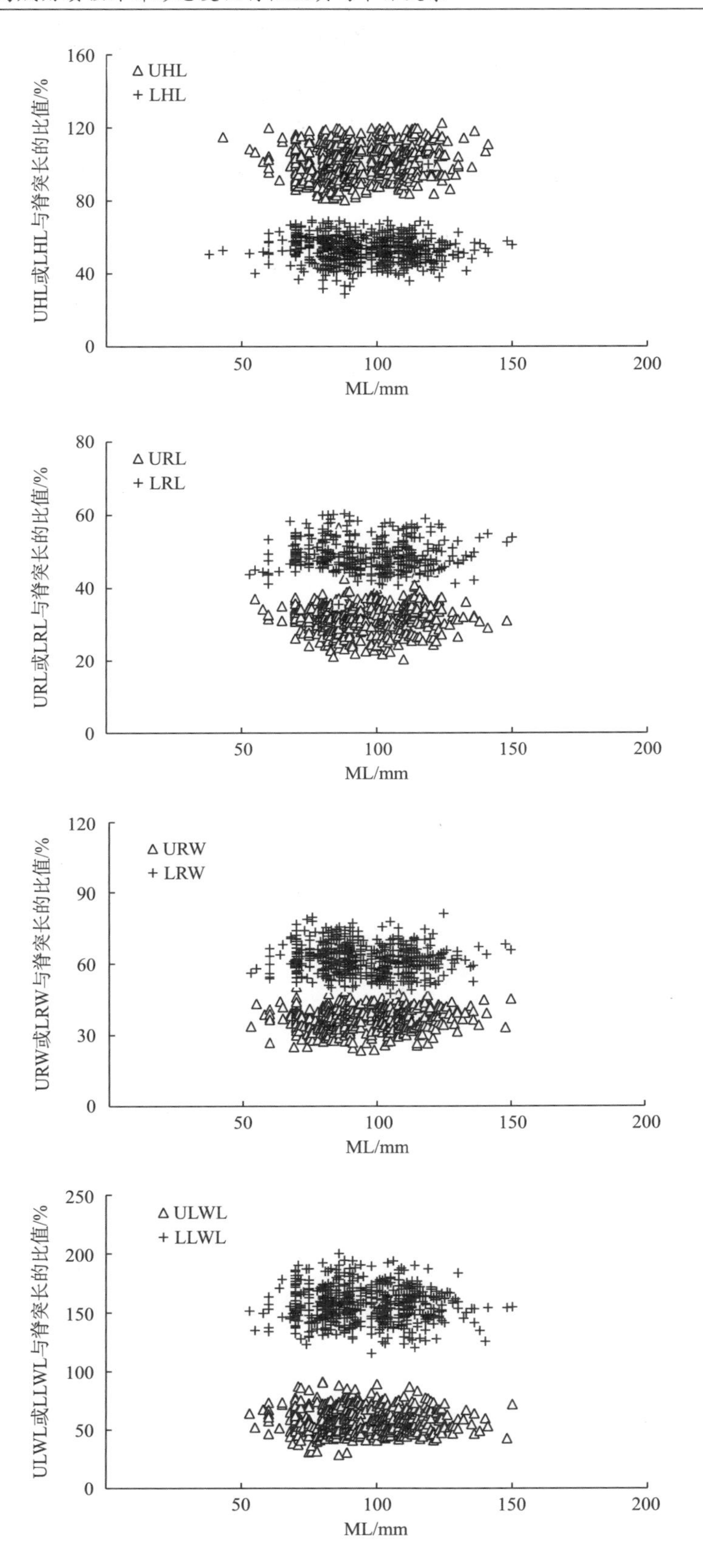
160
120
80
40
0
UHL或LHL与脊突长的比值/%
Δ UHL
+ LHL
50
100
150
200
ML/mm
80
60
40
20
0
URL或LRL与脊突长的比值/%
Δ URL
+ LRL
50
100
150
200
ML/mm
120
90
60
30
0
URW或LRW与脊突长的比值/%
Δ URW
+ LRW
50
100
150
200
ML/mm
250
200
150
100
50
0
ULWL或LLWL与脊突长的比值/%
Δ ULWL
+ LLWL
50
100
150
200
ML/mm

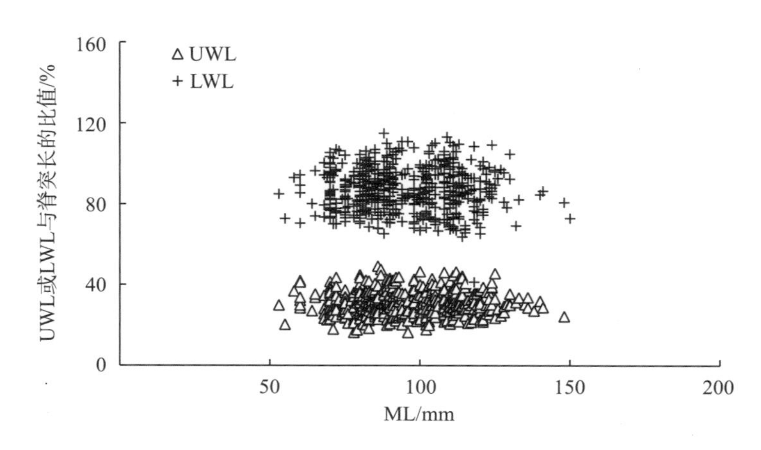


图 2-5 鸢乌贼角质颚不同部位比值

## 2.4 鸢乌贼角质颚色素沉着变化分析

### 2.4.1 角质颚色素沉着等级判定及其分布

参考并结合短柔鱼及其他柔鱼类的角质颚色素沉着等级划分标准(图 2-6)，将南海鸢乌贼角质颚色素沉着等级划分为 8 个等级(0～7 级)。经鉴定，鸢乌贼角质颚色素沉着等级 1～7 级所占的比例分别为 28.4%、11.2%、11.0%、21.4%、15.6%、7.9%、4.5%。可见 1 级所占比例最高，7 级所占比例最低。0 级样本缺乏；频数分布主要集中在 1 级、4 级和 5 级(图 2-7)。

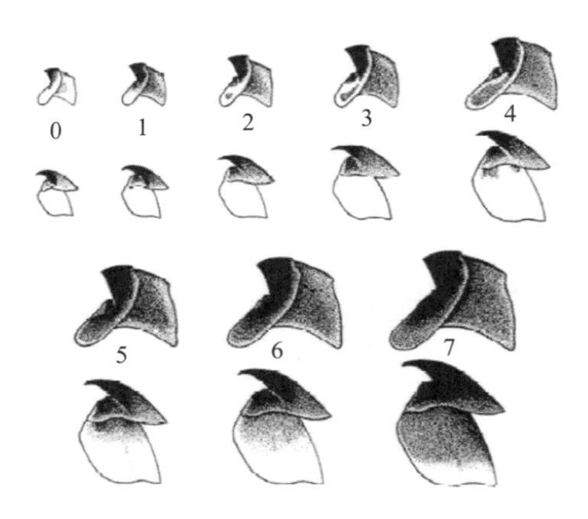


图 2-6 短柔鱼角质颚色素沉着过程(Hernández-García，2003)

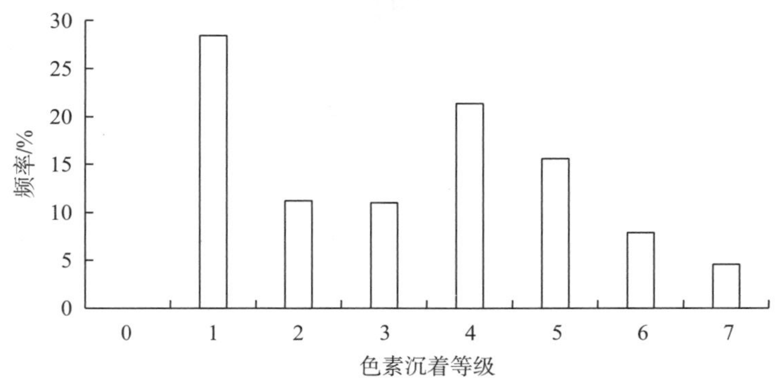


图 2-7　鸢乌贼角质颚色素沉着等级频数分布

### 2.4.2　色素沉着等级与性别的关系

协方差分析表明：鸢乌贼角质颚色素沉着等级（$F$=27.18, $P$=0.00＜0.01）存在性别间极显著差异（$P$＜0.01），因此区分不同性别进行研究。结果显示：雄性样本角质颚色素沉着等级主要集中于 1 级、4 级和 5 级，其中 4 级所占比例最高，为 29.8%，其次为 5 级，占 17.7%。

雌性样本角质颚色素沉着等级主要集中于 1 级、4 级和 5 级，1 级所占比例最高，为 41.9%，其次为 5 级，占 13.3%。色素沉着等级为 1 级和 2 级时，雌性样本的频率高于雄性样本，3～7 级时雄性样本的频率高于雌性样本（图 2-8）。

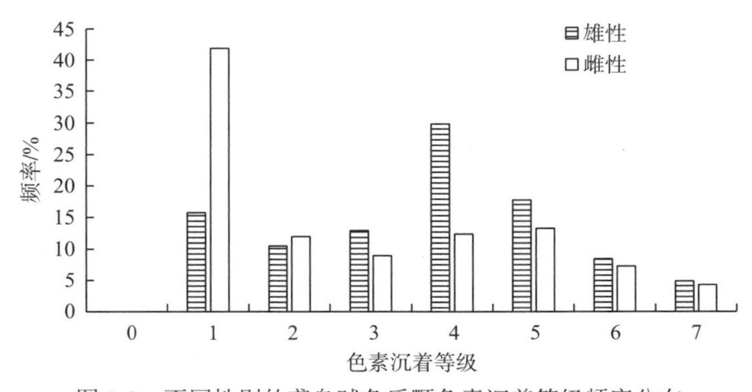


图 2-8　不同性别的鸢乌贼角质颚色素沉着等级频度分布

### 2.4.3　色素沉着等级与胴长、体重和净重的关系

相关性分析表明，鸢乌贼角质颚色素沉着等级与 ML（$P$＜0.01）、BW（$P$＜0.01）和净重（somatic body weight，SBW）（$P$＜0.01）呈极显著相关。研究表明，不同 ML 范围色素沉着等级不同：对于雄性个体，色素沉着等级为 1～3 级时，ML 主要集中于 80～120mm；等级为 4～7 级时，ML 主要集中于 100～150mm。对于雌性个体，色素沉着等级为 1～3 级时，ML 主要集中于 75～140mm；等级为 4～7 级时，ML 主要集中于 100～200mm［图 2-9（a）、（d）］。

不同 BW 范围色素沉着等级不同：对于雄性个体，色素沉着等级为 1～3 级时，BW 主要集中于 20～75g；等级为 4～7 级时，BW 主要集中于 40～120g。对于雌性个体，色素沉着等级为 1～3 级时，BW 主要集中于 10～100g；等级为 4～7 级时，BW 主要集中于 10～100g ［图 2-9(b)、(e)］。

不同 SBW 范围色素沉着等级也不同：对于雄性个体，色素沉着等级为 1～3 级时，SBW 主要集中于 15～40g；等级为 4～7 级时，SBW 主要集中于 25～65g。对于雌性个体，色素沉着等级为 1～3 级时，SBW 主要集中于 10～65g；色素沉着等级为 4～7 级时，SBW 主要集中于 15～100g［图 2-9(c)、(f)］。

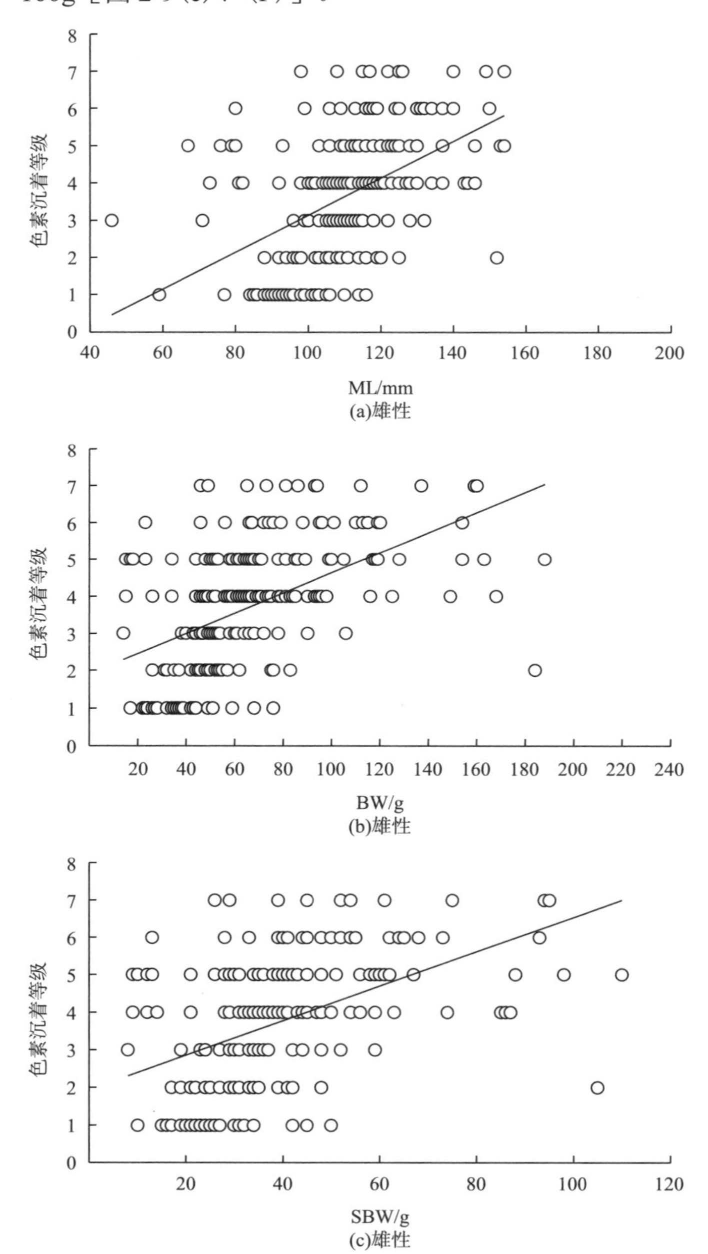

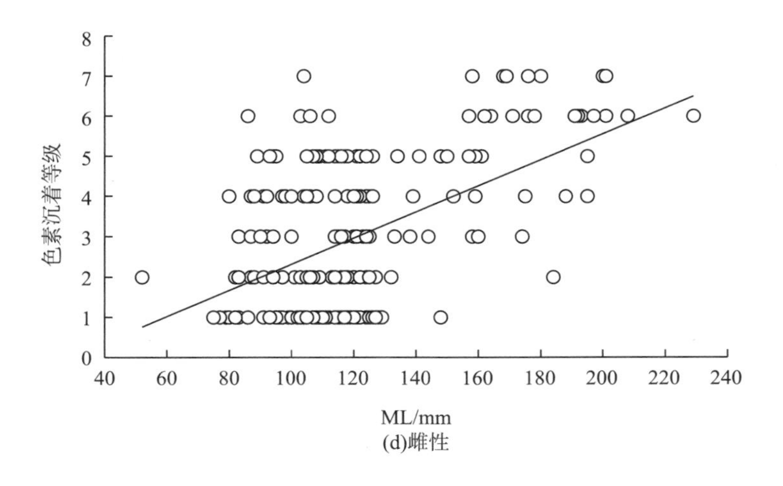

(d)雌性

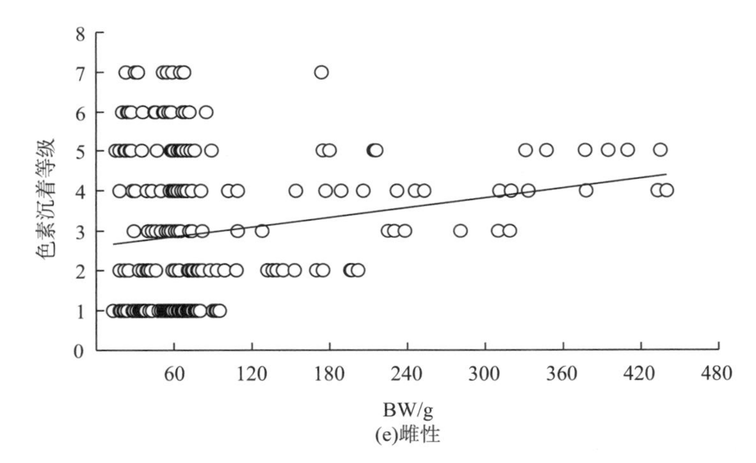

(e)雌性

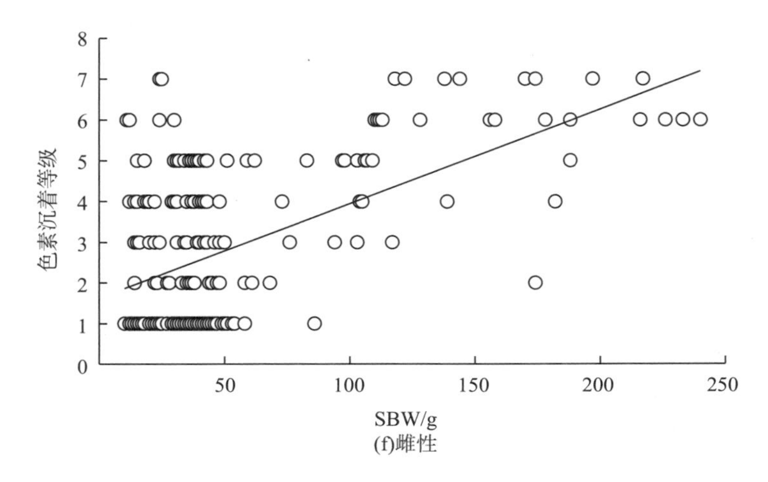

(f)雌性

图 2-9　鸢乌贼角质颚色素沉着等级与 ML、BW 和 SBW 的关系

通过拟合，色素沉着等级与 ML、BW 和 SBW 的关系如下。

雄性：色素沉着等级= 0.0496ML−1.8249，$R^2 = 0.23$。

色素沉着等级= 0.0273BW+1.9029，$R^2 = 0.26$。

色素沉着等级= 0.0460SBW+1.9295，$R^2 = 0.23$。

雌性：色素沉着等级= 0.0324ML−0.9234，$R^2 = 0.24$。

色素沉着等级= 0.0040BW+2.6118，$R^2 = 0.22$。

色素沉着等级= 0.0232SBW+1.6265，$R^2 = 0.30$。

### 2.4.4 色素沉着等级与性成熟度的关系

相关性分析表明，不同性别鸢乌贼角质颚色素沉着等级均与性成熟度呈极显著相关（$P<0.01$）。

雄性样本，性成熟度为Ⅰ期时，色素沉着等级以 1～3 级为主，所占比例为 74.73%；性成熟度为Ⅱ期时，等级以 4 级、5 级为主，比例为 71.60%；性成熟度为Ⅲ期时，等级以 4～7 级为主，比例为 80.76%；性成熟度为Ⅳ期时，等级以 5～7 级为主，比例为 80.00%。

雌性样本，性成熟度为Ⅰ期时，色素沉着等级以 1 级、2 级为主，所占比例为 59.81%；性成熟度为Ⅱ期时，等级以 5 级、6 级为主，比例为 71.43%；性成熟度为Ⅲ期时，等级以 4～6 级为主，比例为 90.00%；性成熟度为Ⅳ期时，等级以 4 级、5 级为主，比例为 93.34%（表 2-6）。

表 2-6 鸢乌贼角质颚色素沉着等级与性成熟度的关系(%)

| 性别 | 性成熟度 | 不同色素沉着等级个体所占比例 | | | | | | |
|---|---|---|---|---|---|---|---|---|
| | | 1 | 2 | 3 | 4 | 5 | 6 | 7 |
| 雄 | Ⅰ | 36.84 | 16.84 | 21.05 | 12.63 | 9.47 | 1.05 | 2.12 |
| | Ⅱ | 2.47 | 7.41 | 8.64 | 46.91 | 24.69 | 9.88 | 0.00 |
| | Ⅲ | 1.92 | 7.69 | 9.62 | 32.69 | 21.15 | 13.46 | 13.46 |
| | Ⅳ | 5.00 | 0.00 | 0.00 | 15.00 | 35.00 | 25.00 | 20.00 |
| 雌 | Ⅰ | 46.89 | 12.92 | 10.05 | 12.44 | 12.92 | 2.87 | 1.91 |
| | Ⅱ | 0.00 | 0.00 | 0.00 | 14.29 | 28.57 | 42.86 | 14.29 |
| | Ⅲ | 0.00 | 0.00 | 10.00 | 50.00 | 25.00 | 15.00 | 0.00 |
| | Ⅳ | 0.00 | 0.00 | 6.67 | 46.67 | 46.67 | 0.00 | 0.00 |

### 2.4.5 色素沉着等级与角质颚外部形态参数的关系

相关分析表明，雄性样本的角质颚外部形态参数 UHL（$P<0.05$）、URL（$P<0.05$）、URW（$P<0.05$）、ULWL（$P<0.05$）、UWL（$P<0.05$）、LHL（$P<0.05$）、LRL（$P<0.05$）、LRW（$P<0.05$）、LLWL（$P<0.05$）、LWL（$P<0.05$）与色素沉着等级呈显著相关性（图 2-10）。

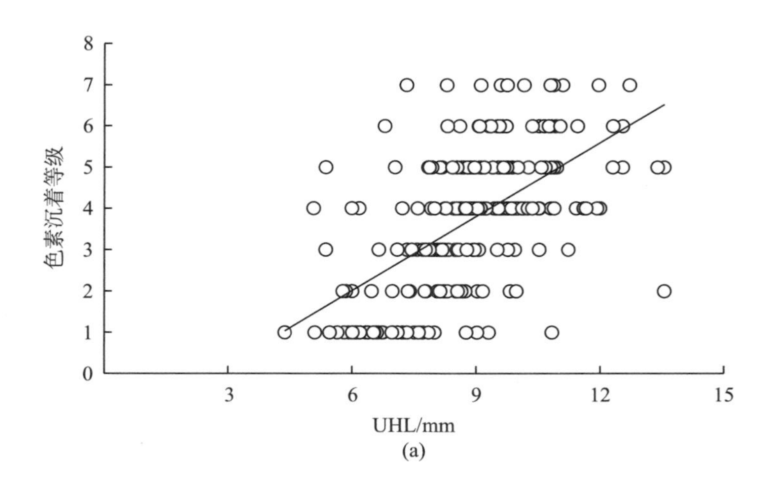
色素沉着等级
UHL/mm
0
1
2
3
4
5
6
7
8
3
6
9
12
15
(a)

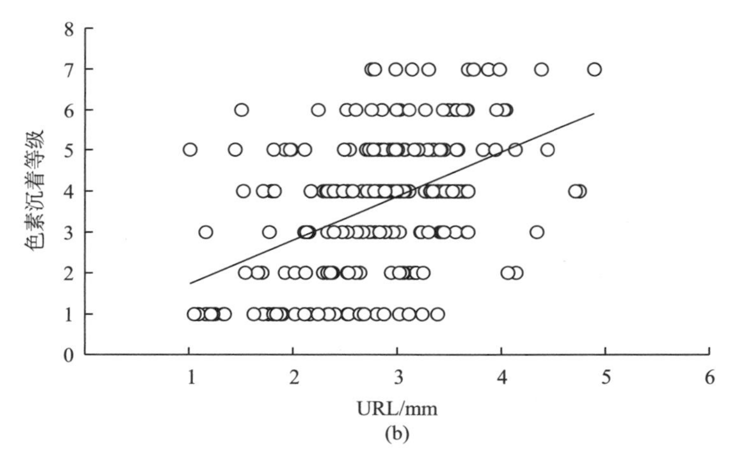
色素沉着等级
URL/mm
0
1
2
3
4
5
6
7
8
1
2
3
4
5
6
(b)

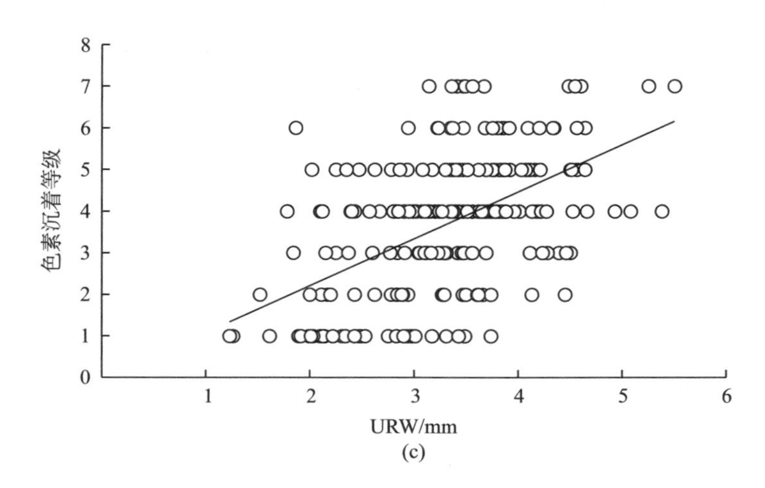
色素沉着等级
URW/mm
0
1
2
3
4
5
6
7
8
1
2
3
4
5
6
(c)

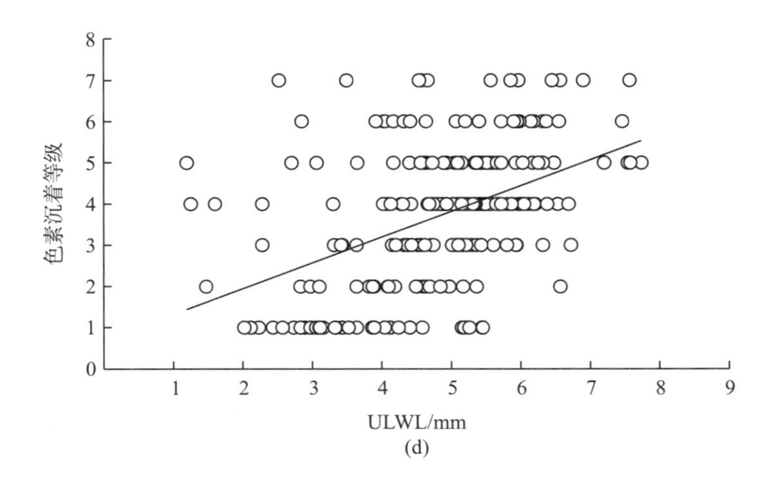

(d)

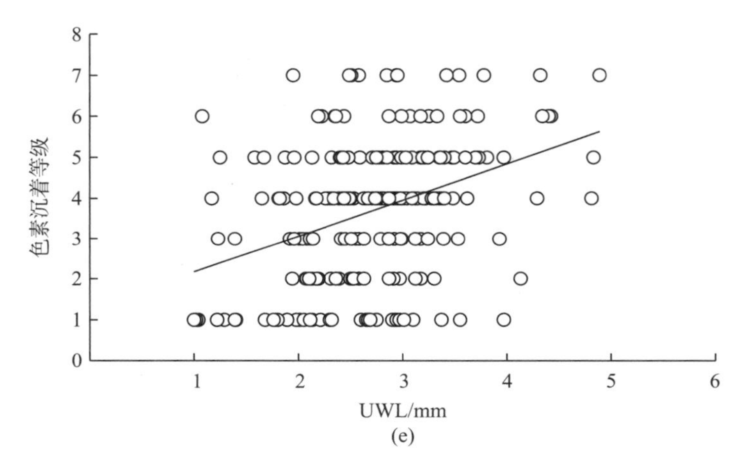

(e)

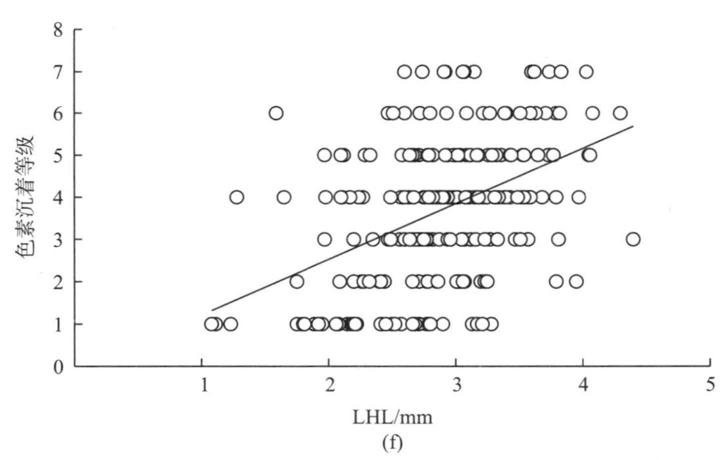

(f)

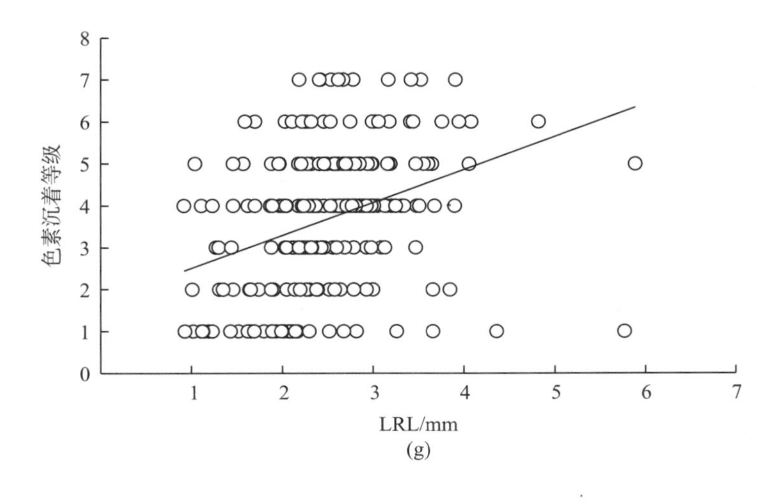

(g)

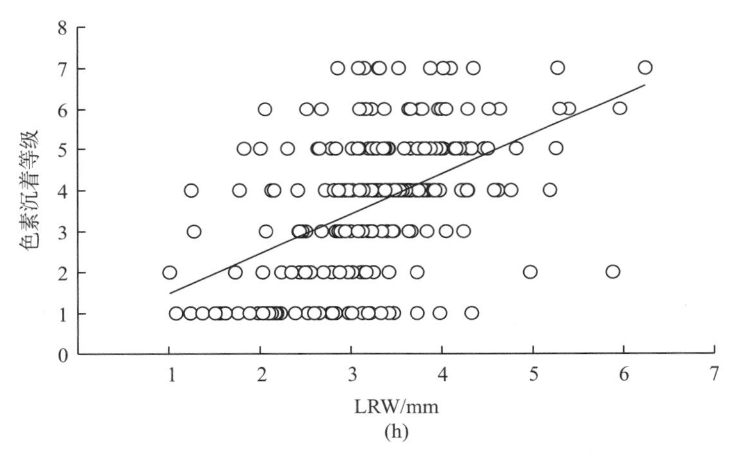

(h)

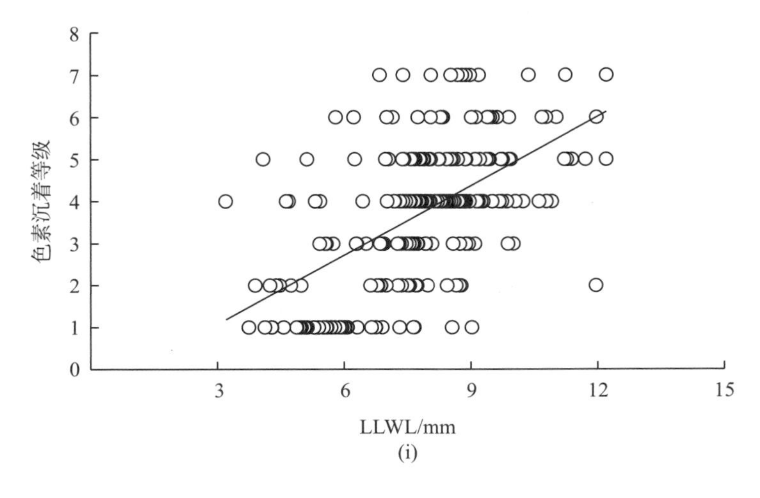

(i)

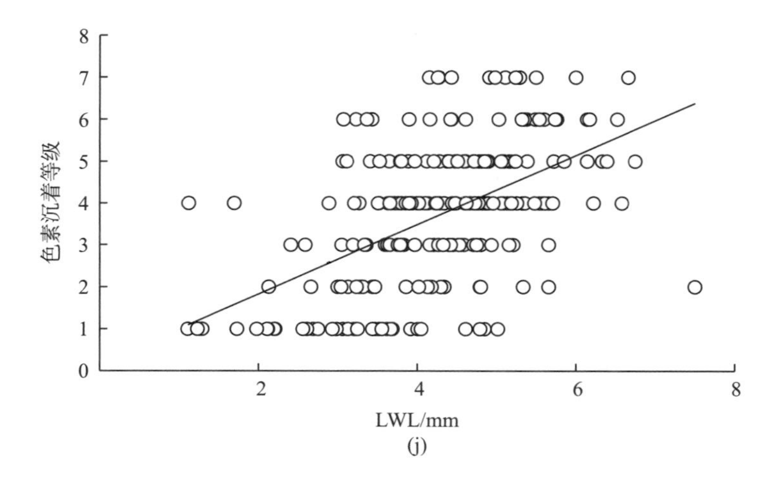


图 2-10 雄性鸢乌贼角质颚色素沉着等级与角质颚外部形态参数的关系

通过拟合，色素沉着等级与雄性鸢乌贼角质颚各外部形态参数关系如下。

色素沉着等级= 0.5984UHL−1.5834，$R^2 = 0.34$。

色素沉着等级= 1.0728URL+0.6548，$R^2 = 0.22$。

色素沉着等级= 1.1270URW−0.0440，$R^2 = 0.29$。

色素沉着等级= 0.6252ULWL+0.6879，$R^2 = 0.20$。

色素沉着等级= 0.8907UWL+1.2702，$R^2 = 0.14$。

色素沉着等级= 1.3172LHL−0.1092，$R^2 = 0.21$。

色素沉着等级= 0.7853LRL+1.7214，$R^2 = 0.12$。

色素沉着等级= 0.9742LRW+0.5013，$R^2 = 0.25$。

色素沉着等级= 0.5488LLWL−0.5710，$R^2 = 0.32$。

色素沉着等级= 0.8288LWL+0.1685，$R^2 = 0.29$。

雌性鸢乌贼的角质颚外部形态参数 URW ($P<0.01$)、ULWL ($P<0.00$)、UWL ($P<0.01$)、LRW ($P=0.00$)、LLWL ($P<0.03$)、LWL ($P<0.00$) 与色素沉着等级呈显著相关性(图 2-11)。

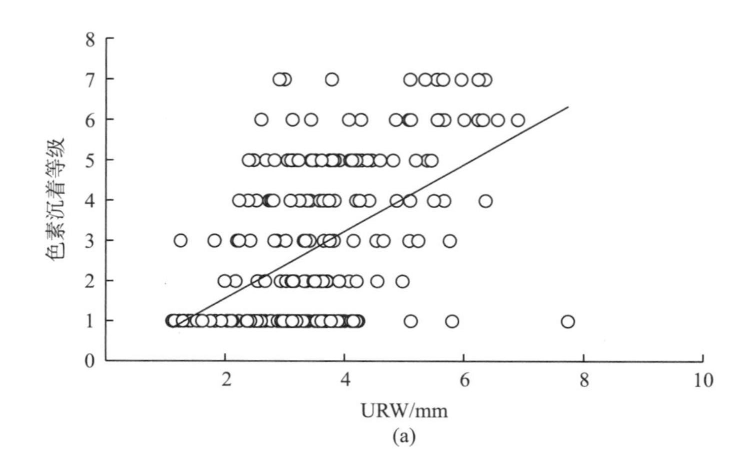

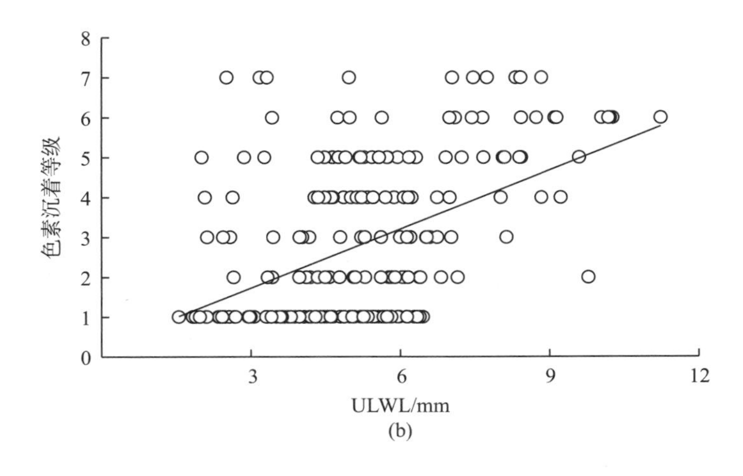

(b)

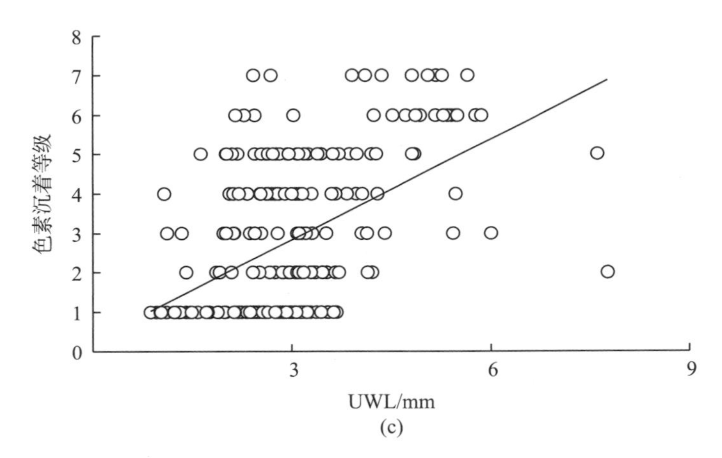

(c)

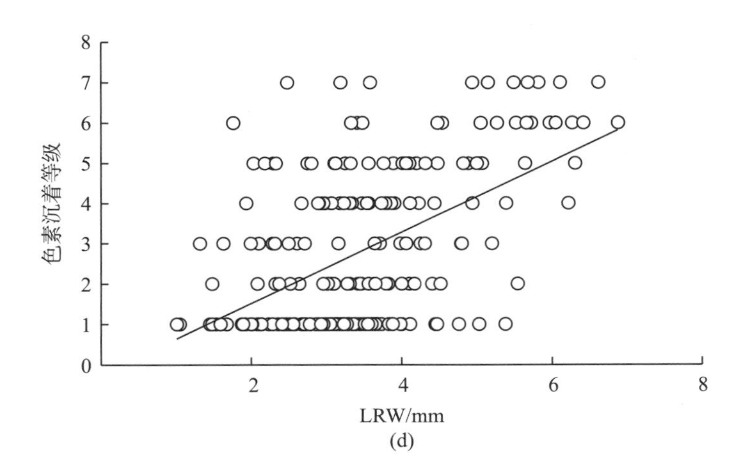

(d)

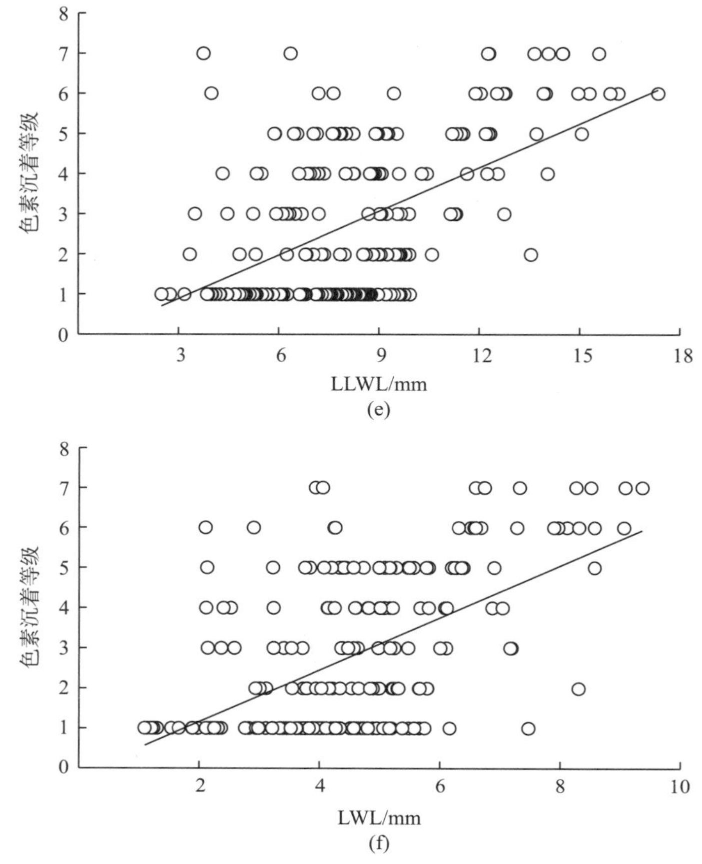


图 2-11 雌性鸢乌贼角质颚色素沉着等级与角质颚外部形态参数的关系

通过拟合，色素沉着等级与雌性鸢乌贼角质颚各外部形态参数关系如下：

色素沉着等级= 0.8313URW−0.0981，$R^2 = 0.26$。

色素沉着等级= 0.4927ULWL+0.2501，$R^2 = 0.22$。

色素沉着等级= 0.8505UWL+0.2818，$R^2 = 0.25$。

色素沉着等级= 0.8821LRW−0.2508，$R^2 = 0.28$。

色素沉着等级= 0.3623LLWL−0.1975，$R^2 = 0.27$。

色素沉着等级= 0.6476LWL−0.1290，$R^2 = 0.28$。

## 2.5 角质颚外形特征及其与个体生长关系分析

### 2.5.1 角质颚外形特征对比

研究表明，西沙群岛海域鸢乌贼角质颚的 UCL、UHL、URL、LHL、LLWL 和 LWL 可以作为角质颚外形长度特征参数，LCL、URW、ULWL、UWL 和 LRL 可以作为角质颚外形宽度特征参数。一些学者分别对西南大西洋阿根廷滑柔鱼(陆化杰等，2012)、西北太平洋柔鱼(金岳等，2013)、东南太平洋茎柔鱼(胡贯宇等，2016)、中国南海中国枪乌贼(*Uroteuthis chinensis*)和剑尖枪乌贼(*Uroteuthis edulis*)(Jin et al.，2018)角质颚的外部形态参数进行了研究，得到的角质颚主要外部形态参数基本相同，尤其是 UHL、UCL、URL、LHL、LCL 和 LRL 这几个参数，始终是比较突出的角质颚外形特征参数，这也为利用这几个特征参数进行不同头足类间的种群鉴定提供了基础依据(Chen et al.，2012)(表 2-7)。

表 2-7　6 种不同头足类角质颚外形特征参数

| 种类 | 外形特征参数 |
|---|---|
| 鸢乌贼 | UHL、UCL、URL、URW、ULWL、UWL<br>LHL、LCL、LRL、LLWL、LWL |
| 阿根廷滑柔鱼 | UHL、UCL、URL、URW、ULWL、UWL<br>LHL、LCL、LRL、LRW、LLWL、LWL |
| 柔鱼 | UHL、UCL、URL、URW、ULWL、UWL |
| 茎柔鱼 | UHL、UCL、LRL、ULWL、LCL、LLWL |
| 中国枪乌贼 | UHL、UCL、URL、URW、ULWL、UWL<br>LHL、LCL、LRL、LRW、LLWL、LWL |
| 剑尖枪乌贼 | UHL、UCL、URL、URW、ULWL、UWL<br>LHL、LCL、LRL、LRW、LLWL、LWL |

### 2.5.2　角质颚外形参数与胴长、体重关系

研究表明，西沙群岛海域鸢乌贼角质颚的 UHL、LWL 与 ML 存在性别间显著性差异，其余特征参数均不存在显著性差异；除了 LLWL 和雄性个体的 UHL 与 ML 最适合用线性方程表示外，其余均最适合用指数方程表示。相关研究表明，印度洋西北海域鸢乌贼角质颚的 UHL、UCL、URL、ULWL、LLWL 和 LWL 与 ML 均呈线性关系(刘必林和陈新军，2010)，与本书研究中的 LLWL 和 UHL 生长方式相同。其他一些学者通过研究认为，近海头足类东海剑尖枪乌贼(徐杰等，2016)、东海火枪乌贼(*Loliolus beka*)(杨林林等，2012a)、太平洋褶柔鱼(杨林林等，2012b)角质颚的外形特征参数与 ML 的关系都最适合用线性方程表示，与本书研究不完全相同，这可能与数据处理方法和样本数量有关，上述研究直接用线性方程进行拟合，没有对不同的模型进行拟合并选择，而且样本数据稍小，对拟合结果有一定的影响。对于大洋性头足类，包括西南大西洋阿根廷滑柔鱼(陆化杰等，2012)、北太平洋柔鱼(金岳等，2013)、东南太平洋茎柔鱼(胡贯宇等，2016)等角质颚外形参数与 ML 分别最适合用幂函数(UHL、UCL、LHL、LCL 和 LWL)、指数(LCL 和 LWL)、对数和线性生长方程表示，与本书研究成果部分相同。不同头足类角质颚外形参数与 ML 生长方程也不完全相同，这可能与不同头足类自身生长有关，也可能与头足类生活环境有关，这种现象也为利用角质颚外形鉴定头足类种群提供了科学依据(Chen et al.，2012)。

研究表明，西沙群岛海域鸢乌贼角质颚所有外形特征参数与 BW 均存在性别间显著性差异，雌性个体所有外形参数与 BW 的关系均最适合用线性方程表示，雄性个体除 UCL

和 UWL 最适合用指数方程表示外，其余均最适合用线性方程表示。一些学者对其他几种头足类角质颚的外形参数与 BW 的关系进行了研究，结果显示西北太平洋柔鱼(方舟等，2014)和印度洋西北海域鸢乌贼(刘必林和陈新军，2010)最适合用指数方程表示，西南大西洋阿根廷滑柔鱼(陆化杰等，2012)、东南太平洋茎柔鱼(胡贯宇等，2016)和东海剑尖枪乌贼(Jin et al.，2018)最适合用幂函数表示，东海太平洋褶柔鱼则最适合用线性方程表示(杨林林等，2012b)。头足类种类不同、生长海域不同，其角质颚外形参数与 BW 的关系也不完全相同。

### 2.5.3 不同个体间角质颚形态参数差异分析

研究中仅 UHL、UCL 和 LHL 3 项外形特征因子存在性别间的显著性差异($P<0.05$)，且雌性外形特征因子大于雄性；其余 URW、ULWL、LCL、LRL 和 LLWL 5 项特征因子间不存在性别间的显著性差异($P>0.05$)。其他研究表明，太平洋褶柔鱼(杨林林等，2012b)、阿根廷滑柔鱼(陆化杰等，2013)、秘鲁茎柔鱼(胡贯宇等，2016)、北太平洋柔鱼(方舟等，2014)和东太平洋鸢乌贼(Fang et al.，2015)的角质颚外形特征因子均存在性别间显著性差异，与本研究中的 UHL、UCL 和 LHL 3 项因子研究结果相同，与其他 5 项特征因子研究结果不同。这可能与它们隶属于不同种类或同一种类生活在不同海域有关，也可能与采样方法有关。

双柔鱼(*Nototodarus sloanii*)(Jackson and Mckinnon，1996)、茎柔鱼(胡贯宇等，2016)、阿根廷滑柔鱼(陆化杰等，2013)等大洋性头足类的角质颚各外形特征因子均随胴长的增加而增加，茎柔鱼和阿根廷滑柔鱼在幼体阶段的角质颚外形特征因子增长较快。本书研究表明，西沙群岛海域鸢乌贼角质颚在 90～120mm 和 120～150mm 胴长组生长速率较快，150mm 以后生长相对缓慢，推断胴长 120～150mm 可能是其角质颚外形变化的拐点。通常头足类角质颚外形因子随着胴长增加而增加，且幼体阶段生长速率较快；当胴体生长至一定阶段后，角质颚生长速率放缓(陆化杰等，2013)，本书研究结果刚好符合这一规律。

研究表明，茎柔鱼(胡贯宇等，2016)、阿根廷滑柔鱼(陆化杰等，2013)的角质颚外形特征因子在性成熟度为Ⅰ期、Ⅱ期时增长较快，Ⅲ期后增长速率变缓。本研究中，除了雌性缺少Ⅳ期和Ⅴ期样本外，其余样本角质颚外形特征因子Ⅰ期与Ⅲ期、Ⅰ期与Ⅳ期、Ⅰ期与Ⅴ期、Ⅱ期与Ⅲ期、Ⅱ期与Ⅳ期、Ⅱ期与Ⅴ期均存在显著性差异，而Ⅰ期与Ⅱ期、Ⅲ期与Ⅳ期、Ⅲ期与Ⅴ期、Ⅳ期与Ⅴ期则不存在显著性差异，Ⅲ期可能是其角质颚生长的拐点。这与阿根廷滑柔鱼(陆化杰等，2013)、茎柔鱼(胡贯宇等，2016)、柔鱼(方舟等，2014)的研究结果基本相同。本书中，雌性样本缺少Ⅳ期及以后的样本，可能对结果有一定的影响，但总体趋势基本准确。后续研究中应不断扩大采样范围，完善相关研究。

### 2.5.4 角质颚不同外形特征因子与脊突长之比值和个体关系

8 个鸢乌贼角质颚外形特征因子与对应脊突长比值基本稳定，说明虽然鸢乌贼角质颚外形特征因子随着个体的生长而逐步增长，但角质颚各区的生长结构比例基本不变，这与同为柔鱼科的阿根廷滑柔鱼(陆化杰等，2013)、秘鲁茎柔鱼(胡贯宇等，2016)、北太平洋柔鱼(方舟等，2014)、夏威夷双柔鱼（*Nototodarus hawaiiensis*）和玻璃乌贼（*Hyaloteuthis pelagica*）(Wolff，1984)的研究结果基本相同。相关研究表明，UCL 和 LCL 可分别作为上、下角质颚在水平方向生长的参照(方舟等，2014)，各外形特征因子与其比值可作为头足类种类与种群鉴定的依据，虽然不同种类的比值均较为稳定，但由于其数值不同，可为划分和鉴定头足类提供科学依据。

### 2.5.5　色素沉着等级与性别的关系

本书研究表明，中国南海鸢乌贼角质颚色素沉着等级主要集中于 1 级、4 级和 5 级，且不同性别间色素沉着等级组成存在显著性差异。雄性个体主要集中于 4 级和 5 级，占全部样本的 47.5%，雌性个体则集中于 1 级，占比为 41.9%。大西洋的科氏滑柔鱼(Castro and Hernández-García，1995)、阿根廷滑柔鱼(方舟等，2013)和褶柔鱼(Hernández-García et al.，1998)的角质颚色素沉着变化也存在性别间的差异；但短柔鱼(Hernández-García，2003)、秘鲁外海的茎柔鱼(胡贯宇等，2017)和地中海的尖盘爱尔斗蛸(*Eledone cirrhosa*)(Lefkaditou and Bekas，2004)则不存在性别间的差异，这可能与不同头足类角质颚具有不同的生长特性有关(Chen et al.，2012)。相关研究表明，中国南海鸢乌贼角质颚外形变化存在性别间的显著性差异(陈子越等，2019)，角质颚色素沉着等级分布进一步印证了鸢乌贼角质颚这一生长特性。

### 2.5.6　色素沉着等级与胴长、体重和净重的关系

ML、BW 与色素沉着等级关系中，雄性样本的截距值均小于雌性样本，这说明同一色素沉着等级中，雌性样本的 ML 和 BW 大于雄性；因此可认为雌雄样本的 ML 或 BW 相同时，雌性角质颚色素沉着速度大于雄性，可能是雌性个体生长速率大于雄性的间接体现(陈子越等，2019)，类似现象在阿根廷滑柔鱼中也存在。本书中，鸢乌贼角质颚色素沉着等级随着 ML 和 BW 的增加而增加，呈正相关关系。其他研究表明，科氏滑柔鱼(Castro and Hernández-García，1995)、短柔鱼(Hernández-García，2003)和褶柔鱼(Hernández-García et al.，1998)的角质颚色素沉着等级与 ML 呈正相关关系；阿根廷滑柔鱼(方舟等，2013)和茎柔鱼(胡贯宇等，2017)的角质颚色素沉着等级与 BW 也呈正相关关系。

柔鱼类角质颚的色素沉着变化与个体生长关系密切，性腺发育成熟后角质颚色素沉着停滞(Brunetti and Ivanovic，1997)。本书研究显示，雄性样本的色素沉着等级与 ML、BW 和 SBW 关系中的斜率均大于雌性样本，这表明虽然雌性角质颚的色素沉着速度大于雄性，但雄性个体性腺发育较雌性更快(王尧耕和陈新军，2005)，角质颚的色素沉着变化也更快达到停滞阶段，因此其关系式中的斜率更大、达到停滞阶段所需时间更短。雄性样本的色素沉着等级与 SBW 关系中截距大于雌性样本，可能与雌性个体在生长过程中需分配部分能量为卵巢的发育做储备有关，导致 BW 相同的雌性个体其胴体部分的重量小于雄性。

### 2.5.7 色素沉着等级与性成熟度的关系

不同性别间，色素沉着等级与性成熟度的关系存在显著性差异($P$<0.01)。性成熟度为III期和IV期时，雄性样本的色素沉着等级高于雌性。雄性鸢乌贼生长较快、性腺较早发育成熟，角质颚的色素沉着也较雌性更早停滞。一般认为头足类性成熟度达到II期、III期和IV期时，其下颚翼部同时开始着色且着色速度较快，证明角质颚的色素沉着与性成熟密切相关，这与本书研究结果相符。本书研究发现，随着性腺发育逐渐成熟，鸢乌贼角质颚的色素沉着等级也逐渐增加，这与秘鲁外海茎柔鱼的研究结果相似(胡贯宇等，2017)。

本书研究表明，不同性别间色素沉着等级的个体分布存在差异。色素沉着等级为2～3级的个体，雌性样本仅性成熟度为I期时少量出现，而性成熟度为II期、III期和IV期时几乎没有出现，但雄性2～3级样本的数量较雌性多，且存在于不同的性成熟阶段。色素沉着等级为4级的样本普遍存在，占性成熟度II期、III期全部样本数量的1/3以上。相关研究表明，由于色素沉着等级2～4级的发生过程较为迅速，科氏滑柔鱼(Castro and Hernández-García，1995)、短柔鱼(Hernández-García，2003)和褶柔鱼(Hernández-García et al.，1998)为2～4级的个体较少，这与本书研究结果不完全相同；其他学者针对阿根廷滑柔鱼(方舟等，2013)和茎柔鱼(胡贯宇等，2017)的研究结果也与本书研究不完全相同，这可能与不同种类的柔鱼生活在不同的海区、拥有不同的生活习性有关，具体原因有待进一步深入研究。

### 2.5.8 色素沉着等级与角质颚外部形态的关系

雄性样本除LWL外，下颚外形参数生长关系对应的截距均大于上颚，这表明除LWL外，下颚各部外形参数的色素沉着速度均大于上颚；而雌性样本则截然相反，上颚各部的色素沉着速度均大于下颚。本书中，色素沉着等级的生长方程相关系数 $R^2$ 较低，可能与色素沉着等级划分过细有关，在其他研究中也出现过相似的现象(方舟等，2013)。本书研究表明，鸢乌贼色素沉着等级与其外形参数呈现正相关，这与阿根廷滑柔鱼(方舟等，2013)和茎柔鱼(胡贯宇等，2017)的研究结果完全相同，也与短柔鱼(Hernández-García，2003)和褶柔鱼(Hernández-García et al.，1998)的色素沉着等级与LRL的关系相同。上、下颚色素沉着的差异性可能与其在捕食过程中发挥的不同作用有关，鸢乌贼角质颚下颚翼部较长，喙部较为短钝，上颚翼部较短但喙部尖锐发达。短钝的下颚喙部在捕食过程中起到类似于钳子般固定支撑的作用，较长的下翼附着发达的肌肉，使下颚可以强有力地固定猎物，尖锐的上颚喙部则具有强大的撕扯能力，用来撕扯猎物(方舟等，2014)。色素沉着的差异性也可能对头足类的捕食行为产生影响，色素沉着速度不同导致角质颚各区的硬度不同，色素沉着等级越高，其硬度越大，捕食能力也越强(Castro and Hernández-García，1995)。例如，北大西洋的滑柔鱼在生长过程中，随着色素沉着的增加，其角质颚硬度也逐渐增加，捕食对象因此发生变化且对其昼夜垂直洄游和产卵季迁徙行为产生了一定程度的影响；而成年的科氏滑柔鱼和褶柔鱼在角质颚生长达到一定阶段后，捕食对象偏向鱼类，也证明了这一结论。雌雄个体角质颚色素沉着的差异性对鸢乌贼的捕食行为产生影响，也间接导致在捕食对象的选择上存在差异，如雌性上颚各区色素沉着较雄性快，使雌性个体撕咬能力较强，捕食猎物能力强，最终导致鸢乌贼雌雄个体的生长差异性。

## 2.6 小　结

本章拟合了角质颚外形参数与胴长和体重的关系。研究发现，鸢乌贼胴体生长至一定阶段(150mm)及性腺成熟度为 III 期时，角质颚外形生长速率放缓，该阶段可能为鸢乌贼角质颚外形变化的拐点。通过开展个体差异(不同性别、不同胴长组和不同性成熟度)对南海鸢乌贼角质颚外部形态变化影响的研究，掌握了其角质颚外部形态变化特征。

通过鸢乌贼角质颚色素沉着变化研究，发现鸢乌贼角质颚的色素沉着等级随着个体的生长而逐步增加，在一定程度上能够反映鸢乌贼雌雄个体之间存在的生长差异，且角质颚的生长在色素沉着等级为 4 级时存在一定的滞后。通过分析色素沉着等级与胴长、体重和净重的关系可以发现，雄性较快达到性成熟而雌性却需要更多的能量储备，性成熟时间较雄性晚，这在胴长、体重和净重拟合的曲线中可以反映出来。这一现象在鸢乌贼角质颚的色素沉着特性方面也得以体现，不同性别间的角质颚各区的色素沉着速度存在差异，雌性个体具有更强的捕食能力，更说明了鸢乌贼在生长过程中其自身的生物学特性能够与环境变化相适应。

# 第3章　南海鸢乌贼角质颚微结构与微量元素分析

头足类的年龄和生长是研究其渔业生物学和生活史的重要依据。相比耳石，角质颚的体积较大，在提取和研磨的过程中，角质颚损耗的概率更小，生长纹的读取也更加容易。因此，本章通过研究南海鸢乌贼的角质颚微结构，读取日龄并估算孵化期，判断样本所属的孵化群体，分析角质颚微量元素变化，为后续利用角质颚微结构研究南海鸢乌贼的日龄生长、群体结构和生活史提供基础。

## 3.1　基于角质颚的日龄组成及其生长

### 3.1.1　角质颚研磨及日龄读取

角质颚日龄轮纹位于上颚喙部的矢状切面（rostrum sagittal section，RSS）上。使用切割机从角质颚喙部前端沿脊突顶部中线切开直至脊突后缘，将喙端的半个矢状切面平整剪下，平稳放入包埋槽进而调整角度，缓慢倒入用以硬化固定的树脂溶液，静置并等候硬化。硬化后的角质颚样本放置在不同目数的水磨砂纸上进行精细打磨，磨至切面可观察到较为清晰的日龄轮纹后滴入氧化铝抛光粉加以抛光。最后将制备好的角质颚切片移至奥林巴斯(Olympus)光学显微镜下观察，同时采用电荷耦合器件(charged coupled device，CCD)系统连续对不同部位拍摄照片，后期使用 PhotoShop 24.0 对同一样本的多张照片进行拼接合成(图 3-1)。

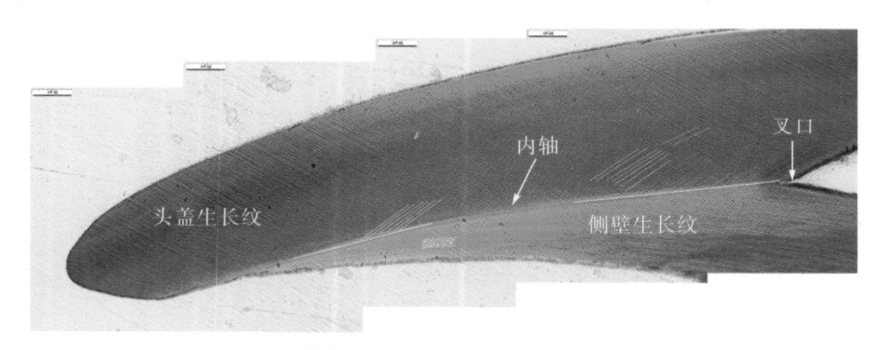


(a)鸢乌贼角质颚上颚喙部日龄轮纹

(b)头盖处与侧壁处日龄轮纹

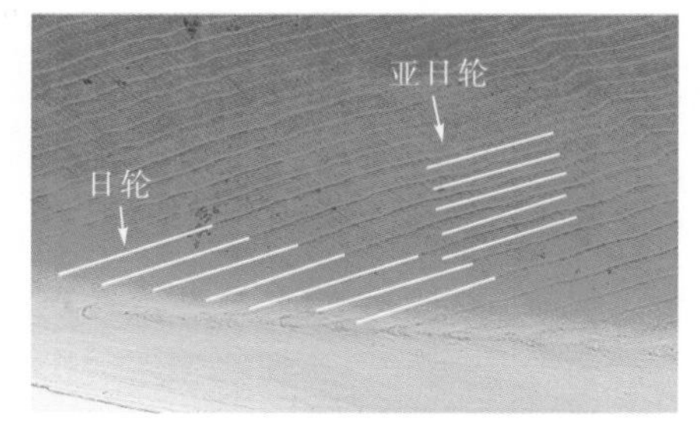


(c)日轮与亚日轮

图 3-1　鸢乌贼上角质颚微结构示意图

由角质颚日龄轮纹可以清晰地读取头足类的日龄。每一个角质颚样本的日龄轮纹由两个实验人员分别读取，各自读取的日龄数据与均值的差值需低于 5%方可认定为有效日龄，共成功研磨并读取 276 枚角质颚日龄数据。

通过角质颚微结构分析发现，样本日龄为 97～287d，平均日龄为 171.29d±30.18d。优势日龄组为 120～210d，占总样本数的 87.32%(图 3-2)。其中，雄性样本日龄为 97～287d，平均日龄为 168.37d±29.31d，优势日龄组为 120～210d，占雄性样本数的 89.71%。雌性样本日龄为 111～280d，平均日龄为 174.12d±30.85d，优势日龄组为 120～210d，占雌性样本数的 85.00%(图 3-3)。日龄组为 90～120d、120～150d 和 180～210d 时，雄性样本的频率高于雌性；其他组别的雌性样本频率均高于雄性。

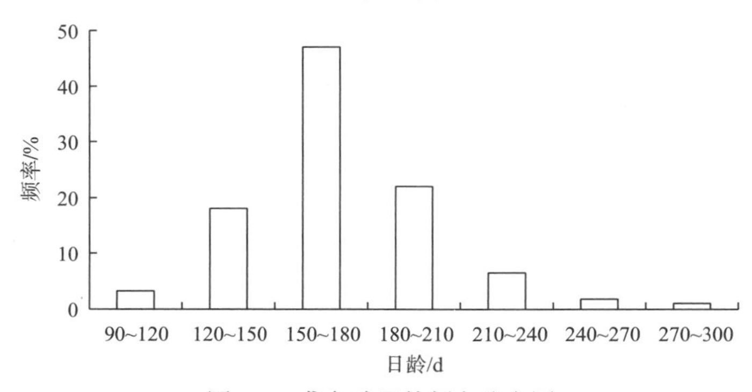


图 3-2　鸢乌贼日龄频率分布图

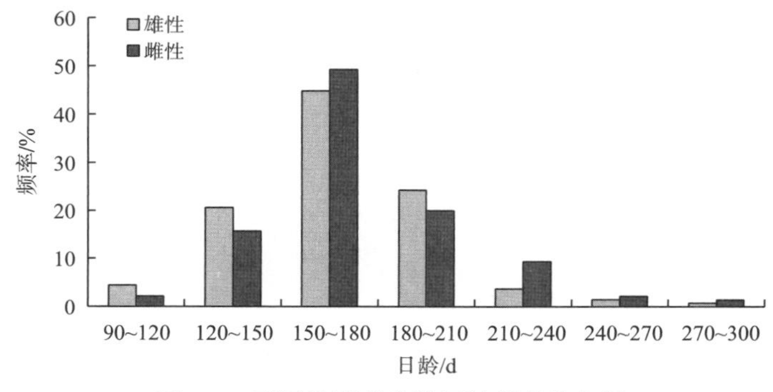


图 3-3　不同性别鸢乌贼日龄频率分布图

### 3.1.2　孵化期推断及孵化群划分

根据鸢乌贼的捕捞日期和日龄数据逆推，结果显示，2017 年鸢乌贼孵化日期为 2016 年 5 月～2017 年 2 月，孵化高峰期主要集中在 2016 年 10 月～2017 年 1 月，占样本总数的 83.33%。其中，雄性样本孵化期为 2016 年 5 月～2017 年 2 月，孵化高峰期为 2016 年 10 月～2017 年 1 月，占雄性样本数的 80.15%。雌性样本孵化期为 2016 年 6 月～2017 年 2 月，孵化高峰期为 2016 年 10 月～2017 年 1 月，占雌性样本数的 86.43%。根据孵化日期的推算，可以认为鸢乌贼样本主要由秋冬生群组成。

### 3.1.3　日龄与胴长、体重和上喙长的关系

协方差分析表明，鸢乌贼日龄(Age)与 ML($F$=1.7445, $P$>0.05)、BW($F$=0.9141, $P$>0.05)和 URL($F$=0.9095, $P$>0.05)不存在性别间的显著性差异，因此将雌雄样本数据合并进一步拟合生长关系。根据 AIC 值筛选出最适生长关系(表 3-1)，日龄与 ML 和 BW 的关系均最适合用指数生长方程描述(图 3-4)，日龄与 URL 的关系最适合用线性生长方程描述(图 3-5)，生长方程如下：

$$ML= 60.8154e^{0.0033Age}$$

$$BW= 13.0178e^{0.0084Age}$$

$$URL= 0.0123Age+1.0295$$

表 3-1　鸢乌贼日龄与胴长、体重和上喙长的生长模型参数与 AIC 值比较

| 参数 | 模型 | $a$ | $b$ | AIC | $R^2$ |
|---|---|---|---|---|---|
| ML | 线性 | 0.3955 | 38.2119 | 1700.811 | 0.5377 |
| | 幂 | 1.4025 | 0.6470 | 1708.326 | 0.5066 |
| | 指数 | 60.8154 | 0.0033 | 1698.313 | 0.5481 |
| | 对数 | 79.4147 | −302.6011 | 1707.194 | 0.5113 |
| BW | 线性 | 0.6889 | −65.8874 | 2274.114 | 0.5124 |
| | 幂 | 0.8857 | 1.8590 | 2590.387 | 0.3502 |
| | 指数 | 13.0178 | 0.0084 | 2234.577 | 0.5327 |
| | 对数 | 137.7522 | −656.4901 | 2332.853 | 0.4823 |
| URL | 线性 | 0.0123 | 1.0295 | 218.7295 | 0.5280 |
| | 幂 | 0.1032 | 0.6632 | 237.6152 | 0.5037 |
| | 指数 | 1.6130 | 0.0038 | 238.4302 | 0.5069 |
| | 对数 | 2.1196 | −7.7323 | 234.0947 | 0.4927 |

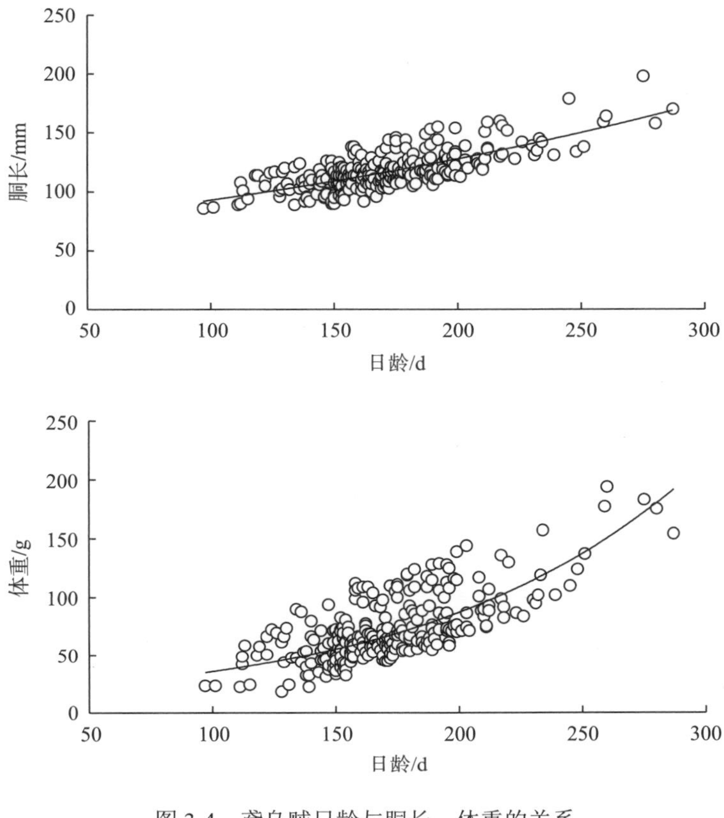


图 3-4　鸢乌贼日龄与胴长、体重的关系

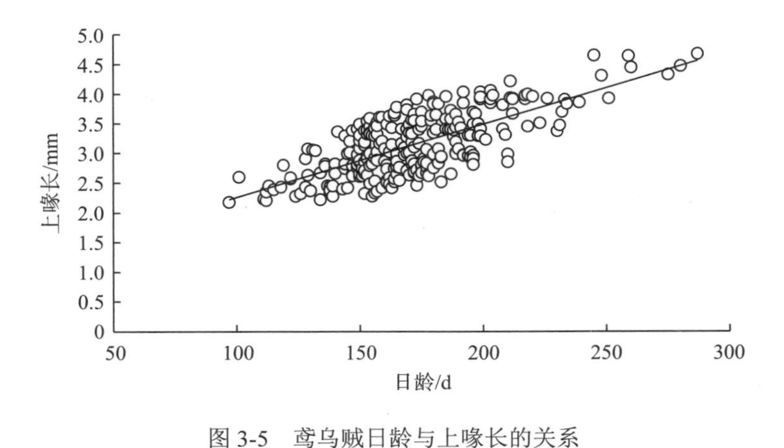


图 3-5　鸢乌贼日龄与上喙长的关系

## 3.1.4　胴长和体重生长率

分析表明，鸢乌贼 ML 和 BW 的绝对生长率（absolute growth rate，AGR）分别为 0.27～0.68mm/d 和 0.47～1.57g/d，相对生长率（relative growth rate，RGR）分别为 0.26%～0.43% 和 0.50%～1.27%。ML 的 AGR 在 210～240d 达到峰值 0.68mm/d 后呈下降趋势；BW 的

AGR 在 210～240d 达到峰值 1.57g/d 后呈下降趋势。ML 的 RGR 在 180～210d 有所增加，达到峰值 0.43%，而后呈下降趋势；BW 的 RGR 在 210～240d 急速增加达到峰值 1.27%，而后呈下降的趋势(图 3-6)。

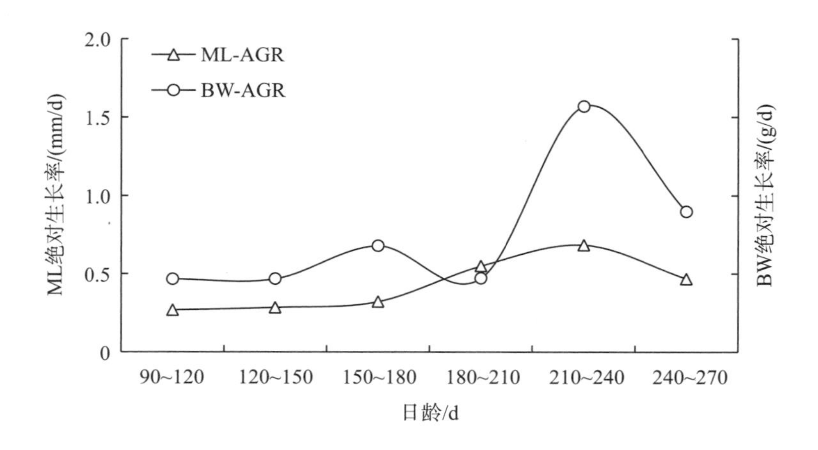


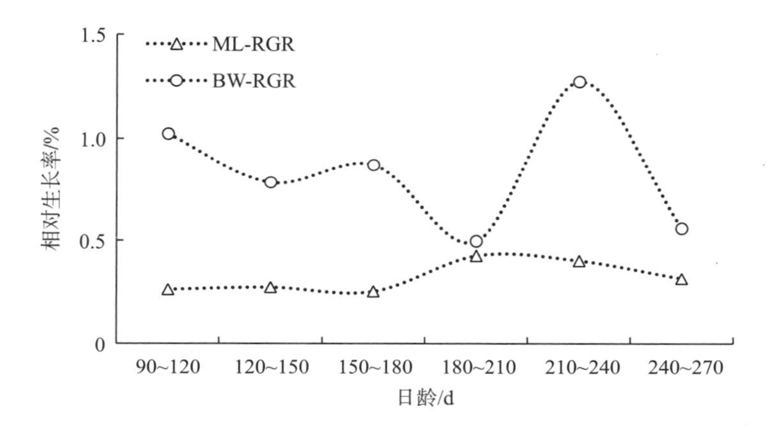


图 3-6　鸢乌贼胴长、体重生长率与日龄关系

### 3.1.5　角质颚外部形态参数生长率

主成分分析表明，UHL、UCL、ULWL、UWL、LHL、LCL、LLWL 和 LWL 这 8 项参数可用来描述角质颚的外部形态特征。分析表明，除 UWL 和 LHL 外，UHL、UCL、ULWL、LCL、LLWL 和 LWL 的 AGR 均随日龄的增加而呈明显增加的趋势。

UCL、ULWL、LCL 和 LLWL 的 RGR 随日龄的增加而呈增加的趋势；而 UHL、UWL、LHL 和 LWL 的 RGR 随日龄的增加呈“M”形波动，其中 UWL、UHL 和 LWL 在 180～210d 较低，LHL 在 150～180d 较低(图 3-7)。

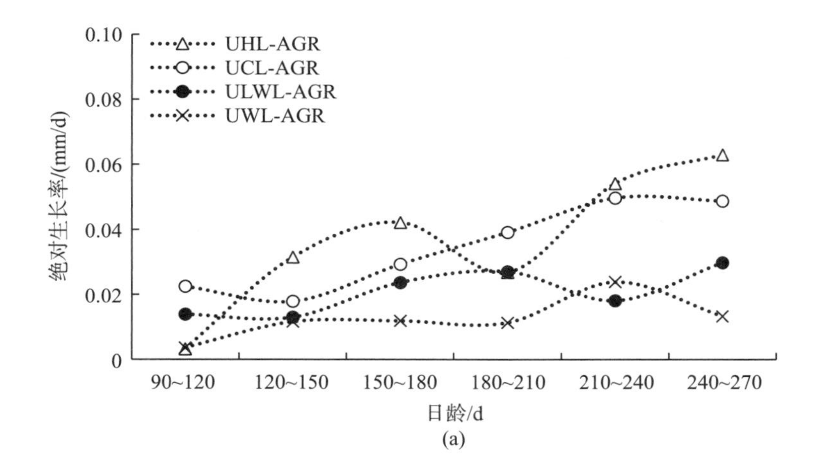
UHL-AGR
UCL-AGR
ULWL-AGR
UWL-AGR
绝对生长率/(mm/d)
0.10
0.08
0.06
0.04
0.02
0
90~120
120~150
150~180
180~210
210~240
240~270
日龄/d

(a)

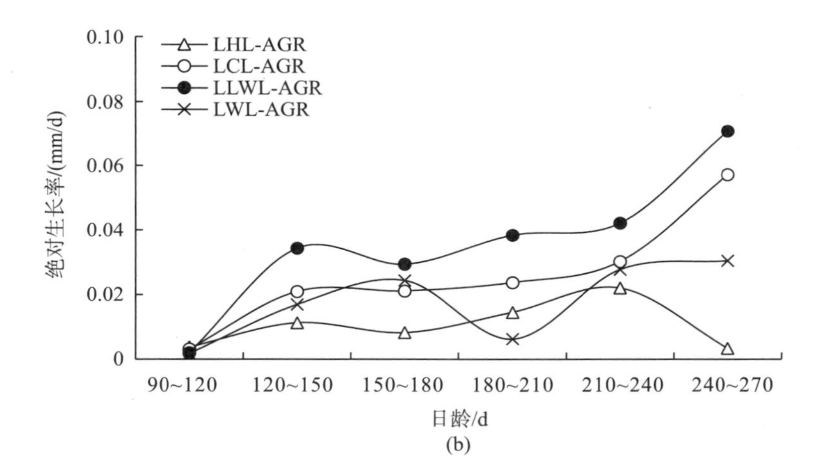
LHL-AGR
LCL-AGR
LLWL-AGR
LWL-AGR
绝对生长率/(mm/d)
0.10
0.08
0.06
0.04
0.02
0
90~120
120~150
150~180
180~210
210~240
240~270
日龄/d

(b)

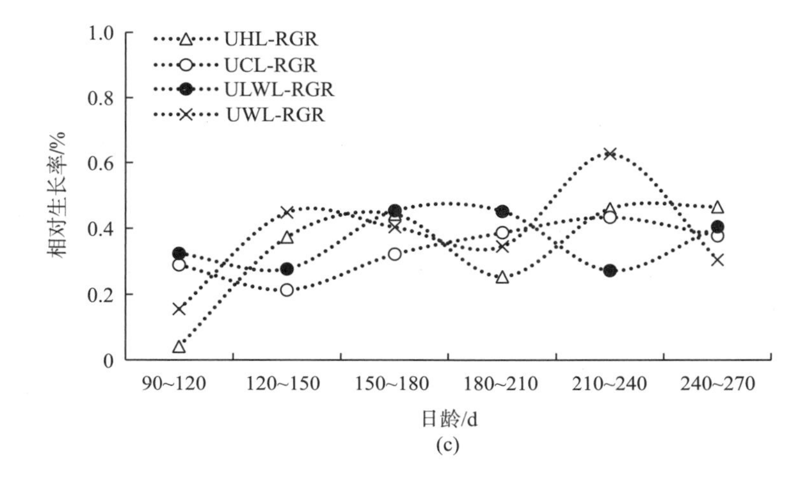
UHL-RGR
UCL-RGR
ULWL-RGR
UWL-RGR
相对生长率/%
1.0
0.8
0.6
0.4
0.2
0
90~120
120~150
150~180
180~210
210~240
240~270
日龄/d

(c)

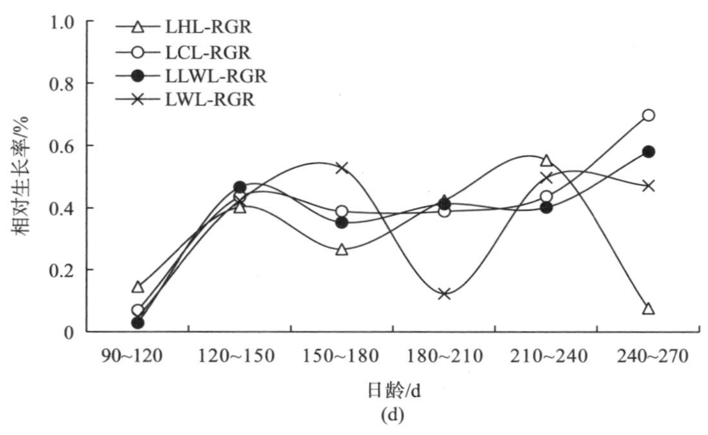


图 3-7 鸢乌贼角质颚外部形态参数生长率与日龄关系

## 3.2 角质颚微量元素分析

### 3.2.1 微量元素测定

随机选取 14 个研磨成功的角质颚样本，样本信息见表 3-2。由角质颚喙端起，对应角质颚的日龄数据共选取 5 个剥蚀采样点，第 1 个点位于角质颚喙端头盖背侧，代表胚胎期；第 2 个点位于第 60～70 个生长纹之间，代表仔鱼期；第 3 个点位于第 140～150 个生长纹之间，代表稚鱼期；第 4 个点位于第 200～220 个生长纹之间，代表亚成鱼期；第 5 个点位于叉口，代表成鱼期(图 3-8)。

表 3-2 鸢乌贼样本信息

| 序号 | 胴长/mm | 性别 | 性成熟度 | 日龄/d | 孵化日期(年-月-日) |
|---|---|---|---|---|---|
| 1 | 106 | ♂ | III | 268 | 2016-09-04 |
| 2 | 98 | ♂ | II | 235 | 2016-10-07 |
| 3 | 84 | ♀ | III | 239 | 2016-11-22 |
| 4 | 88 | ♀ | III | 247 | 2016-12-09 |
| 5 | 96 | ♂ | III | 269 | 2016-12-12 |
| 6 | 101 | ♂ | I | 210 | 2016-11-01 |
| 7 | 108 | ♂ | III | 199 | 2016-11-12 |
| 8 | 114 | ♀ | II | 238 | 2016-10-04 |
| 9 | 102 | ♂ | III | 251 | 2016-09-21 |
| 10 | 96 | ♀ | II | 195 | 2016-12-11 |
| 11 | 98 | ♂ | II | 209 | 2016-11-28 |
| 12 | 100 | ♀ | III | 207 | 2016-11-04 |
| 13 | 104 | ♂ | II | 243 | 2016-09-29 |
| 14 | 97 | ♀ | III | 235 | 2016-11-21 |

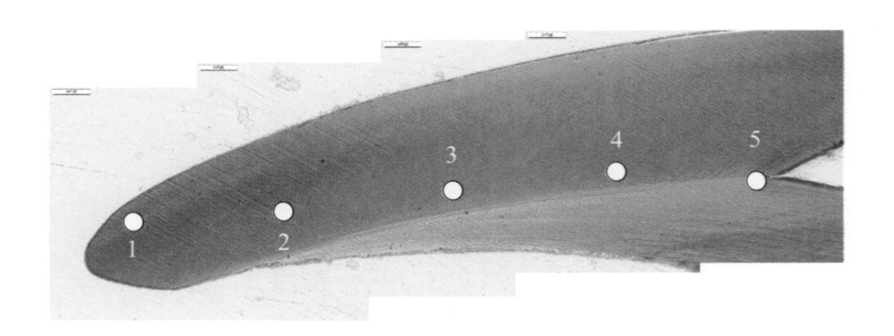


图 3-8　鸢乌贼不同生长阶段角质颚微量元素剥蚀采样点

角质颚微量元素在中国地质大学(武汉)地质过程与矿产资源国家实验室利用电感耦合等离子体质谱仪进行测定。激光脉冲频率为 8Hz，激光剥蚀直径为 32μm，激光剥蚀过程采用氦气作为载气，氩气作为补偿气用于调节灵敏度，每个采样剥蚀点包括 50s 样品信号和 20s 的空白信号。

### 3.2.2　角质颚主要微量元素分析

结果显示，角质颚中浓度排名前十名的微量元素为 Ca、Mg、Na、P、K、Si、Cu、B、Sr 和 Al。其中 Ca 主要以 CaO 的形式存在，Ca 的浓度为 $150.04\times10^{-6}$～$249.01\times10^{-6}$(浓度均值为 $193.62\times10^{-6}$)；Mg 的浓度为 $33.88\times10^{-6}$～$107.36\times10^{-6}$(浓度均值为 $80.71\times10^{-6}$)；Na 的浓度为 $5.29\times10^{-6}$～$42.36\times10^{-6}$(浓度均值为 $18.98\times10^{-6}$)；P 的浓度为 $7.30\times10^{-6}$～$28.70\times10^{-6}$(浓度均值为 $14.18\times10^{-6}$)；K 的浓度为 $1.63\times10^{-6}$～$26.41\times10^{-6}$(浓度均值为 $8.29\times10^{-6}$)；Si 的浓度为 $3.33\times10^{-6}$～$6.93\times10^{-6}$(浓度均值为 $5.53\times10^{-6}$)；Cu 的浓度为 $1.52\times10^{-6}$～$4.57\times10^{-6}$(浓度均值为 $2.68\times10^{-6}$)；B 的浓度为 $1.09\times10^{-6}$～$3.22\times10^{-6}$(浓度均值为 $2.15\times10^{-6}$)；Sr 的浓度为 $1.08\times10^{-6}$～$1.79\times10^{-6}$(浓度均值为 $1.45\times10^{-6}$)；Al 的浓度为 $0.51\times10^{-6}$～$5.16\times10^{-6}$(浓度均值为 $0.09\times10^{-6}$)(表 3-3)。

**表 3-3　鸢乌贼角质颚微量元素浓度**

| 元素 | 浓度范围/($\times10^{-6}$) | 浓度均值/($\times10^{-6}$) | 标准差 |
|---|---|---|---|
| Ca | 150.04～249.01 | 193.62 | 27.10 |
| Mg | 33.88～107.36 | 80.71 | 20.07 |
| Na | 5.29～42.36 | 18.98 | 11.83 |
| P | 7.30～28.70 | 14.18 | 6.55 |
| K | 1.63～26.41 | 8.29 | 6.73 |
| Si | 3.33～6.93 | 5.53 | 1.12 |
| Cu | 1.52～4.57 | 2.68 | 0.93 |
| B | 1.09～3.22 | 2.15 | 0.65 |
| Sr | 1.08～1.79 | 1.45 | 0.18 |
| Al | 0.51～5.16 | 0.09 | 0.05 |

### 3.2.3 不同性别的角质颚微量元素差异

协方差分析表明，角质颚中浓度排名前十名的微量元素 Ca($F_{0.8683}$=0.369805, $P$>0.05)、Mg($F_{0.0096}$=0.9236, $P$>0.05)、Na($F_{0.0001}$=0.9892, $P$>0.05)、P($F_{0.3840}$=0.5471, $P$>0.05)、K($F_{0.0898}$=0.7695, $P$>0.05)、Si($F_{0.3754}$=0.8496, $P$>0.05)、Cu($F_{0.1981}$=0.6642, $P$>0.05)、B($F_{0.1096}$=0.7463, $P$>0.05)、Sr($F_{0.1393}$=0.7155, $P$>0.05)和 Al($F_{0.7229}$=0.4118, $P$>0.05)不存在性别间的显著性差异，因此无须区分性别进行讨论。

### 3.2.4 不同孵化群的角质颚微量元素差异

根据日龄数据并且结合捕捞日期进行逆推，发现所有样本均在 9～12 月孵化，因此将孵化群分为秋生群(9～10 月)和冬生群(11～12 月)。协方差分析表明，4 种微量元素 Na($F_{7.7600}$=0.0070，$P$<0.05)、P($F_{6.1239}$=0.0160，$P$<0.05)、K($F_{5.8300}$=0.0186，$P$<0.05)和 Cu($F_{6.2620}$=0.0149，$P$<0.05)存在不同孵化群间的显著性差异，因此需区分不同孵化群进行讨论。其余 6 种微量元素 Ca($F_{1.3271}$=0.2536，$P$>0.05)、Mg($F_{0.0060}$=0.9806，$P$>0.05)、Si($F_{1.1402}$=0.2896，$P$>0.05)、B($F_{3.6485}$=0.0606，$P$>0.05)、Sr($F_{2.5442}$=0.1156，$P$>0.05)和 Al($F_{0.0005}$=0.9810，$P$>0.05)在不同孵化群间无显著性差异，无须区分孵化群进行讨论。

### 3.2.5 不同生长期的角质颚微量元素差异

分析表明，秋生群角质颚中的 Na 和 K 浓度均较冬生群高，且仔鱼期和亚成鱼期的浓度较高，胚胎期、稚鱼期和成鱼期的浓度较低，总体趋势呈“M”形。冬生群角质颚中的 P 和 Cu 浓度均较秋生群高，P 浓度总体变化趋势不大，但 Cu 浓度随着角质颚的生长总体呈明显的下降趋势(图 3-9)。

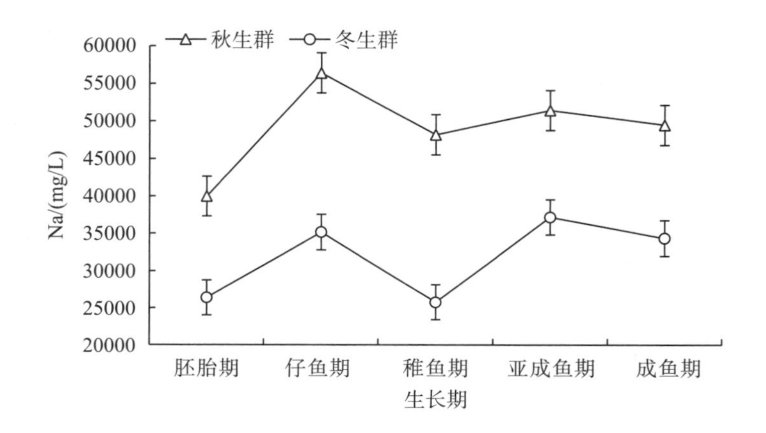

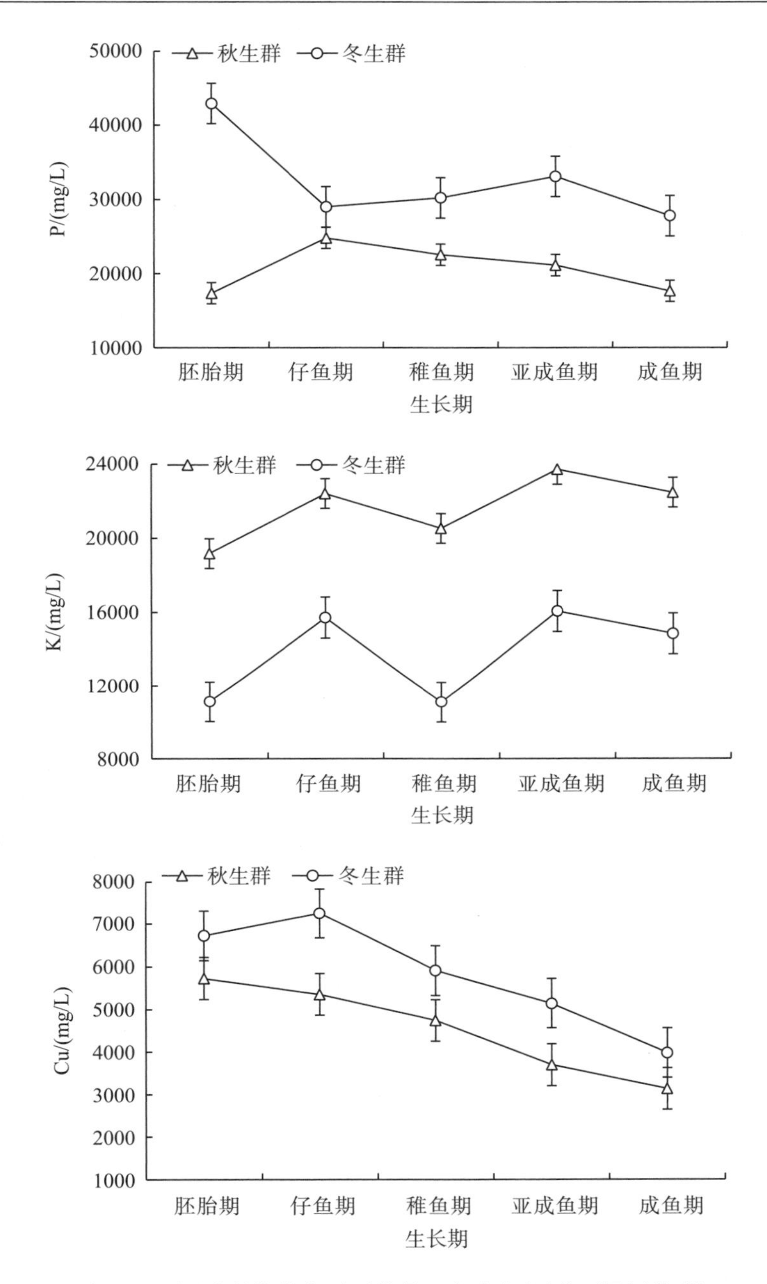


图 3-9　不同生长期的角质颚微量元素浓度(区分不同孵化群)

Ca 浓度随着角质颚的生长呈较为明显的波动趋势，仔鱼期和亚成鱼期的浓度较低，稚鱼期和成鱼期的浓度较高。B 浓度变化趋势与 Ca 相反，仔鱼期和亚成鱼期的浓度较高，稚鱼期和成鱼期的浓度较低。Mg 和 Sr 浓度随着角质颚的生长总体呈上升的趋势。Si 浓度变化较为明显，胚胎期的浓度最高，随着角质颚的生长呈明显的下降趋势。Al 浓度存在小范围的波动，但总体呈下降的趋势(图 3-10)。

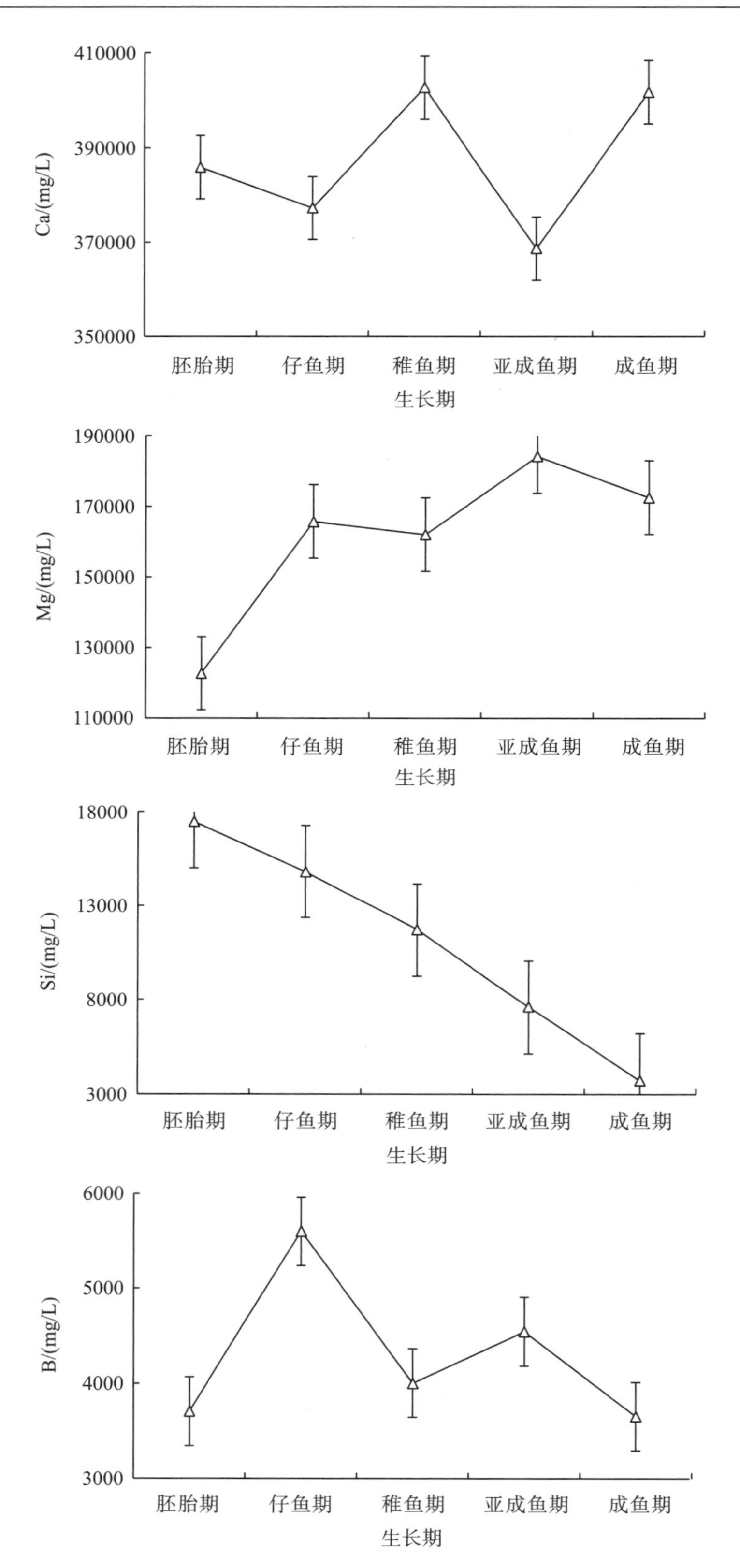
410000
390000
370000
350000
Ca/(mg/L)
胚胎期
仔鱼期
稚鱼期
亚成鱼期
成鱼期
生长期
190000
170000
150000
130000
110000
Mg/(mg/L)
胚胎期
仔鱼期
稚鱼期
亚成鱼期
成鱼期
生长期
18000
13000
8000
3000
Si/(mg/L)
胚胎期
仔鱼期
稚鱼期
亚成鱼期
成鱼期
生长期
6000
5000
4000
3000
B/(mg/L)
胚胎期
仔鱼期
稚鱼期
亚成鱼期
成鱼期
生长期

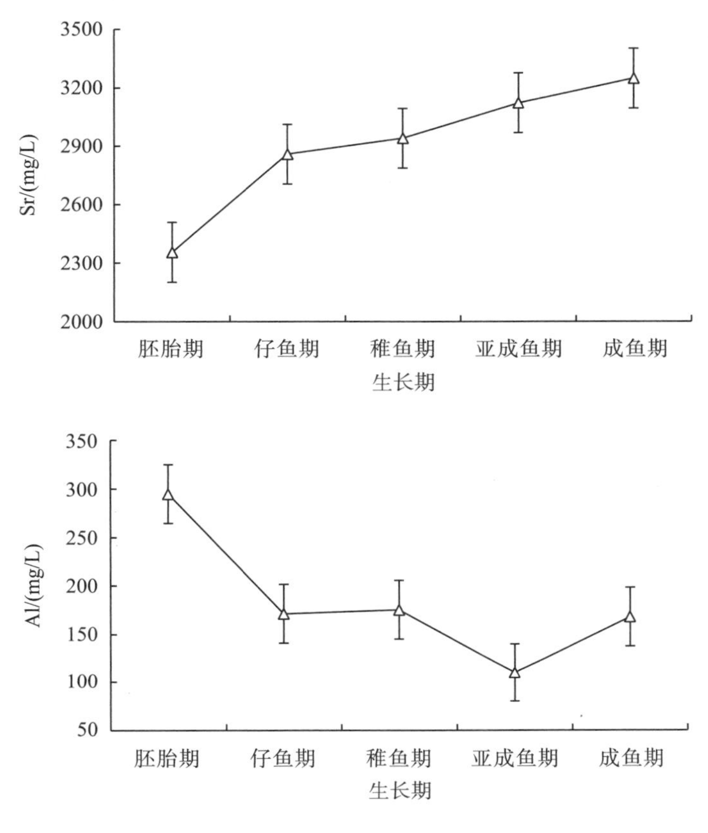


图 3-10　不同生长期的角质颚微量元素浓度(同一孵化群)

# 3.3　基于角质颚的生长及其微量元素分析

## 3.3.1　日龄组成及孵化群划分

研究结果表明，西沙海域鸢乌贼样本的日龄为 97～287d，优势日龄组为 120～210d，雌性样本的平均日龄大于雄性，孵化期为 2016 年 6 月～2017 年 2 月，孵化高峰期为 2016 年 10 月～2017 年 1 月，可推算样本的孵化期集中在秋冬季，这与张旭等(2020)的研究结果相似。南海其他海域(招春旭等，2017)所采集的鸢乌贼样本优势日龄为 3 个月以内，东太平洋赤道(Liu et al.，2016a)、巴士海峡(Liu et al.，2017)、中西太平洋(Takagi et al.，2002)和孟加拉湾(Sukramongkol et al.，2007)海域所采集的鸢乌贼样本优势日龄均为 6 个月以内，而印度洋西北海域(刘必林和陈新军，2010)和菲律宾西部海域(Zakaria，2000)的鸢乌贼样本优势日龄为 6～9 个月。其中，南海海域(江艳娥等，2019)样本的孵化期分别为 1～3 月、7～8 月、6～10 月和 12～2 月，几乎遍布全年；赤道太平洋海域和巴士海峡海域分别为 12 月至次年 2 月和 12 月，为冬生群；孟加拉湾海域为 7～10 月，为夏秋生群；中西太平洋海域为 5～9 月，为夏秋生群；印度洋西北海域为 3～5 月和 9～10 月，为春秋生群；

菲律宾西部海域样本则具备较长的产卵期，这意味着缺少较为明显的孵化高峰期。由表 3-4 可见，不同海域或同一海域不同采样时间段的鸢乌贼存在不同的孵化期。鸢乌贼分布广且种群结构复杂，不同种群的年龄与生长存在差异，且雌性鸢乌贼的生命周期长于雄性早已得到证实(Jereb and Roper，2010)，本书研究中的雌性样本平均日龄也长于雄性。鸢乌贼的繁殖策略为间歇性终端产卵，在生命周期中存在多个产卵期，即单次产卵过后性腺还可以继续发育为下次产卵做准备，菲律宾西部和南海中南部海域所采集的样本也显示鸢乌贼拥有较长的产卵期，本书研究中孵化期的范围跨度为 10 个月很好地印证了这一点，样本隶属于秋冬生群则说明不同海域鸢乌贼的孵化期存在差异，同一海域也存在不同的孵化群，不同群体的寿命也存在差异。

**表 3-4 不同海域鸢乌贼的雄性日龄与孵化期比较**

| 海域 | 日龄 | 集中孵化期 | 孵化群 |
|---|---|---|---|
| 南海海域(招春旭等，2017) | 38～126d | 1～3 月 | 冬春生群 |
| 南海海域(刘玉等，2019) | 55～101d | 全年(除 5 月外) | 全年 |
| 南海海域(江艳娥等，2019) | 30～135d | 7～8 月 | 夏生群 |
| 南海海域(张旭等，2020) | — | — | 冬生群 |
| 赤道东太平洋海域(Liu et al.，2016b) | 84～168d | 12 月至次年 2 月 | 冬生群/夏生群 |
| 巴士海峡(Liu et al.，2017) | 53～155d | 11～12 月 | 冬生群 |
| 中西太平洋(Takagi et al.，2002) | 52～186d | 5～9 月 | 夏秋生群 |
| 孟加拉湾(Sukramongkol et al.，2007) | 40～114d | 7～10 月 | 夏秋生群 |
| 印度洋西北海域(刘必林和陈新军，2010) | 88～363d | 3～5 月 9～10 月 | 春生群/秋生群 |
| 菲律宾西部海域(王尧耕和陈新军，2005) | 102～259d | 无明显产卵期 | — |
| 南海海域(本书研究) | 97～287d | 10 月至次年 1 月 | 秋冬生群 |

### 3.3.2 日龄与胴长、体重和上喙长关系

不同性别间，鸢乌贼日龄与 ML、BW 和 URL 不存在显著性差异($P>0.05$)，这与利用耳石研究南海鸢乌贼日龄的结果相同(张旭等，2020)。分析表明，鸢乌贼日龄与 ML 和 BW 的关系适合用指数生长方程表示，日龄与 URL 的关系适合用线性生长方程表示。孟加拉湾、印度洋西北海域、赤道东太平洋海域和巴士海峡海域鸢乌贼日龄与 ML 的关系适合用线性方程和逻辑斯谛函数表示，本书研究则与同为对数函数的春季南海海域鸢乌贼(招春旭等，2017)的生长关系相似。巴士海峡和赤道东太平洋海域鸢乌贼日龄与 BW 的关系适合用幂函数表示；印度洋西北海域样本的生长方程适合用指数生长方程表示。不同海域的阿根廷滑柔鱼日龄与 ML 和 BW 适用不同的生长方程，目前针对不同海域鸢乌贼日龄与 ML 和 BW 的研究结果不完全相同，这与鸢乌贼分布范围较广以及所经历的不同海洋环境有关。不同海域的海洋环境存在水温和食物上的差异，这可能造成头足类的生长存在差异(Keyl et al.，2011)。本书研究表明，鸢乌贼日龄与 URL 的最适关系为线性生长方程。其他研究表明，同属于柔鱼科的茎柔鱼和柔鱼的日龄与 URL 均最适用线性生长方程表示。

### 3.3.3 胴长、体重和角质颚外部形态参数生长率

ML 的 AGR 在 90～120d 较低，随着日龄增加而逐渐升高，在 210～240d 达到峰值后下降；BW 的 AGR 在前期几乎无波动，在 210～240d 增值较为明显，至峰值后下降。鸢乌贼的头部和腕部是主要的捕食器官，鳍为主要的运动器官，均在仔鱼期和稚鱼期的生长较为迅速，相比之下其胴体的生长较为缓慢(Sajikumar et al., 2018)，因此 AGR 在日龄较小的阶段(90～120d)值较低。鳍与头部的发育日趋成熟使鸢乌贼具备一定的自主游动能力，从大陆坡海域迁徙进入大洋中开阔水域，捕食能力也逐渐增强，使 BW 在 120～150d 呈现增加的趋势，而后于 150～180d 呈下降趋势，于 210～240d 达到峰值后下降；ML 在 150～180d 呈现增加的趋势，于 210～240d 达到峰值后下降，说明 150～180d 摄取的能量主要用于胴长的增长，体重相对减少。柔鱼与鸢乌贼寿命均为 1 年左右，相关研究发现，柔鱼的生长与性腺发育密切相关，生长早期和性成熟后摄入的能量分别用于胴体发育和性腺发育(陈新军等，2011)。在 210～240d 这一生长阶段，ML 的 AGR 增长较为缓慢，而 BW 的 AGR 在急剧上升后迅速下降，在此阶段鸢乌贼 ML 的变化较 BW 小，这与性腺发育使 BW 迅速增长有关。西北太平洋柔鱼在 220d 以后生长速率也急剧下降(陈新军等，2011)，与本书研究结果的时间节点相近。

鸢乌贼上颚 UHL 和 UCL、下颚 LCL 和 LLWL 的 AGR 随着日龄增加而呈上升趋势。鸢乌贼角质颚脊突部(HL、CL)和侧壁部(LWL)的快速生长可以增强鸢乌贼的捕食能力，UHL 和 UCL 的迅速生长可以为鸢乌贼提供较强的撕扯能力，LCL 和 LLWL 的迅速生长可以增强下颚固定猎物的能力(方舟等，2014)。UHL、LCL 和 LLWL 的 AGR 在 90～180d 增长较快，UCL、LCL 和 LLWL 的 AGR 随着日龄增加而迅速上升；UHL 和 LWL 的 AGR 在 180～210d 较低，但在后续的生长周期中再次上升，单一生长阶段的捕食能力逐渐增强，可以使鸢乌贼的 ML 和 BW 在 210～240d 保持良好的增长、性腺发育得以成熟，为后续的繁殖活动做准备。

### 3.3.4 角质颚主要微量元素分析

大多数头足类微量元素研究的主要对象是耳石，角质颚近年来才逐渐被应用于微量元素的研究当中(Fang et al., 2016)。本书研究中，Sr 在角质颚中的浓度较低，Mg、Cu、P 浓度较高。

柔鱼(Fang et al., 2016)和强壮桑葚乌贼(Jones et al., 2018)的角质颚中 Sr 浓度也相对较低，与本书研究结果相似；而茎柔鱼、柔鱼、阿根廷滑柔鱼和鸢乌贼(陆化杰等，2015)的耳石中 Sr 浓度较高，这可能是角质颚与耳石分属不同的硬组织，其微量元素种类和沉积方式也存在一定的差异。对柔鱼(Fang et al., 2016)和强壮桑葚乌贼(Jones et al., 2018)进行的研究中也存在 P 浓度较高这一现象。角质颚中 P 浓度较耳石高(陆化杰等，2015)，可能是因为耳石的主要成分是无机物，而角质颚主要由蛋白质和几丁质构成(Miserez et al., 2007)，P 在角质颚的生长过程中可以促进蛋白质的合成(Fang et al., 2016)。角质颚

中 Cu 浓度较高，这在对耳石进行的研究中从未发现过(陆化杰等，2015)，可能与 Cu 在角质颚黑色素的合成中起较为关键的作用有关(Fang et al.，2016)。Mg 是角质颚中较为丰富的微量元素之一，在角质颚的生长中扮演着重要的角色(Jones et al.，2018)。

### 3.3.5 不同性别和不同孵化群间的微量元素浓度差异

尽管雄性鸢乌贼较雌性更早达到性成熟阶段，但不同性别间鸢乌贼的洄游路径一致，生命周期中所经历的海洋环境也大致相同，因此微量元素的沉积不存在性别间的差异，均与其他柔鱼类的研究成果一致(陆化杰等，2015)。七星柔鱼和苍白蛸在暖水域的生长速率较快(Rodhouse et al.，1994；Leporati et al.，2007)，Na 和 K 与角质颚的生长密切相关(方舟，2016)，秋生群角质颚中 Na 和 K 的浓度大于冬生群，可能是冬季水温较低导致鸢乌贼这一暖水性头足类的生长速率减缓。茎柔鱼角质颚中 P 浓度在夏季较低(胡贯宇，2016)，秋冬季较高。冬生群柔鱼角质颚中 Cu 浓度也较春生群高(Fang et al.，2016)，因此 P 和 Cu 的沉积可能与温度负相关，但有关的研究较少，还需日后进一步探讨。

### 3.3.6 不同生长期的角质颚微量元素差异

Na 和 K 广泛、均匀地分布在海洋中，常以食物碎屑的形式存在。鸢乌贼具昼夜垂直洄游习性，夜间上浮至海表觅食且新陈代谢速率较快(Jereb and Roper，2010)，而 Na 的沉积基本上不受头足类的昼夜垂直洄游影响(Zumholz et al.，2007)，可能与食物的摄取有关。鸢乌贼在胚胎期和仔鱼期的捕食对象多为浮游甲壳类，而在亚成鱼初期的捕食对象逐渐转换成头足类和鱼类(Jereb and Roper，2010)，食性的转换正好对应 Na 和 K 的浓度增加。

Ca 在海洋中均匀分布且生物可以从海水中摄取该元素，但仅从海水中摄取该元素的量并不能满足海洋生物的生长需求(Hossain and Furuichi，2000)，因此 Ca 的沉积可能受生物体本身的影响较大。头足类墨汁中的黑色素合成与 Ca 有关(Sarzanini et al.，1992)，Ca 的增加可能促进角质颚黑色素的合成而使角质颚变得坚硬，这与角质颚的色素沉着有关(Castro and Hernández-García，1995)。胚胎期至仔鱼期和稚鱼期至亚成鱼期的两次食性转换使鸢乌贼足以摄取较多的营养，在此阶段后角质颚得以迅速生长。

角质颚主要由蛋白质构成。P 在海水中的含量较低，海洋生物摄取该元素的主要途径为食物。茎柔鱼、阿根廷滑柔鱼、柔鱼和鸢乌贼的耳石中 P 在不同生长期的浓度变化不大(陆化杰等，2015)，这与鸢乌贼角质颚中 P 浓度变化趋势较为一致。在生长过程中，P 浓度较高可能促进角质颚中蛋白质的合成(Fang et al.，2019)，目前关于该元素沉积特性的研究较少，具体的变化趋势和原因还需日后进一步探讨。

海水中的 Cu 含量较低，食物为生物摄取该元素的主要途径，研究发现 Cu 在太平洋褶柔鱼耳石中的沉积更多地受生物体自身的影响(Ikeda et al.，1998)。头足类在仔鱼期和稚鱼期需要从食物中摄取较多的 Cu(Villanueva and Bustamante，2006)，缺 Cu 可能增加头足类在生长过程中的死亡率。头足类在胚胎期缺乏较强的捕食能力，从食物中摄取 Cu

的能力较弱，因此该阶段 Cu 的来源可能是卵黄。甲壳类体内的血蓝蛋白富含 Cu，而头足类动物在仔鱼期和稚鱼期大量捕食浮游甲壳类；随着头足类动物的生长，捕食的对象逐渐转向鱼类，角质颚中 Cu 浓度也逐渐下降，这与本书研究结果相对应。

本书研究中 Mg 浓度随着鸢乌贼的生长而逐渐增加，Mg 在海洋中分布较为均匀，因此 Mg 的沉积可能受生物体本身影响较大。耳石平衡囊中的 $Mg^{2+}$与耳石中的有机物质沉积密切相关，耳石的矿化过程也离不开 Mg，该元素可以充分地反映头足类的生长情况。Mg 的整体浓度呈现上升的趋势，并且仔鱼期和亚成鱼期的浓度有较为明显的增加，这与 Na 和 K 的浓度变化趋势较一致，Mg 的沉积在一定程度上与角质颚的生长存在密切的关系。

耳石中 Sr 的浓度较高，但角质颚中的浓度相对较低，这可能与分属为不同的器官有关，耳石被包含在平衡囊中，而角质颚暴露在海水里。在 Sr 浓度较低的条件下，头足类胚胎在生长发育过程中可能出现畸形个体。Sr 在耳石中的沉积规律不受头足类昼夜垂直洄游温度差的影响，夜间头足类代谢旺盛，白天则悬浮在深水中休息，Sr 仅在白天沉积（Zumholz et al.，2007）。外界的金属元素被头足类具有隔离保护作用的卵膜阻挡在外，由此可认为胚胎期的 Sr 基本上来自卵黄。相关研究认为，Sr 的浓度与温度呈负相关，胚胎期的较低浓度值可大致认为鸢乌贼出生在水温较高的区域，即鸢乌贼产浮性卵，卵和仔鱼均在海表随海流漂浮，在拥有一定的游动能力后即迁徙至较深水层栖息。茎柔鱼耳石中 Sr 的浓度在正常年份与厄尔尼诺年间无显著性差异；乌贼耳石中的 Sr/Ca 在不同温度的饲养条件下无显著变化。这说明 Sr 在硬组织中的浓度变化仅能作为一种参考，而不能作为完全的标准去衡量不同水温条件对头足类生长产生的影响（Jones et al.，2018），Sr 沉积的这一动态过程受个体生长、摄食、温度和盐度等一系列因素的影响（Ikeda et al.，2002），后续需做更详细的研究加以论证。

## 3.4　小　　结

通过分析鸢乌贼的角质颚微结构及日龄数据，结合捕捞日期可以推算鸢乌贼的孵化期，本书研究采集的样本均为秋冬生群体。研究发现，鸢乌贼的种群复杂，同一海域中往往生活着不同的群体，因此该日龄与胴长和体重间的关系仅适用于该海域鸢乌贼的生长情况。通过分析胴长、体重和角质颚外部形态参数的变化，可以发现西沙海域的鸢乌贼在 120～150d 和 180～240d 这两个阶段，角质颚外部形态随生长变化较大，可能与鸢乌贼的捕食能力增强，急需为性腺的发育补充能量有关。

鸢乌贼的角质颚中浓度最高的微量元素为 Ca，其次为 Mg、Na、P 和 K。相比于 Sr 浓度较高的耳石，角质颚中 Sr 浓度较低。不同性别间，微量元素的浓度不存在显著性差异。不同孵化群间，Na、K、Cu 和 P 存在显著性差异，目前 P 和 Cu 的相关研究较少，而 Na 和 K 主要与不同群体的生长速率有关。

在不同生长期，Na、K、P 和 Cu 的沉积与食物摄取有关，这也正好与不同孵化群存在差异的 4 种元素一一对应，这说明这 4 种元素的沉积与鸢乌贼的生长速率、新陈代谢率存在一定的关系，水温差异可能限制鸢乌贼从食物中摄取这些元素，从而造成不同孵化群间的差异。Sr 的沉积与鸢乌贼的新陈代谢率有一定关联，但受外界环境的影响大于生物体本身，Sr 浓度降低可以认为是鸢乌贼随着个体生长迁至较深的水层所致。Mg 和 Ca 的沉积受生物体本身的影响较大。总的来说，季节与水温变化、食性变化和个体迁徙均会对鸢乌贼角质颚中的微量元素浓度造成影响，日后的研究需综合多个方面进行考虑。

# 第 4 章　南海鸢乌贼性成熟及其与海洋环境关系

繁殖是物种生活史的重要过程之一，是其种群资源补充的基础。头足类生长速率快，生命周期短，其繁殖与生长等活动的能量投入处于动态的平衡，对肌肉、性腺等组织的能量投入因生长发育阶段不同而有所差异与侧重。同时，这些个体的繁殖生活史具有一定的环境适应性，如在生长发育后期进行产卵洄游以寻找合适的产卵场所等。为此，本章拟对南海鸢乌贼中型群和微型群的繁殖特性进行研究分析，探讨其生长发育过程中的性腺指数等与时空以及环境因子的关系，以期深入掌握该种类的繁殖生物学，为可持续开发利用鸢乌贼资源提供科学基础，并为南海生态系统研究提供参考。

## 4.1　性成熟划分及各性成熟阶段胴长、体重分布

### 4.1.1　性成熟等级划分

根据发光器的有无及其体型大小将南海鸢乌贼划分为两个种群，即中型群和微型群。性成熟度共划分为 5 个等级，Ⅰ期、Ⅱ期(性未成熟)、Ⅲ期、Ⅳ期(性成熟期)和Ⅴ期(产卵后期)。胃饱满度共划分为 5 个等级，分别为 0 级(空胃)、1 级(胃含物占胃体积的 1/2 以内)、2 级(胃含物占胃体积的 1/2 以上，但不饱满)、3 级(满胃但不膨胀)和 4 级(胃饱满且膨胀)。

### 4.1.2　各性成熟阶段胴长、体重分布

随着性腺发育，中型群和微型群雌、雄个体的胴长和体重均显著增长(中型群雄性：胴长，$F$=1393.25，$P$<0.01；体重，$F$=2014.71，$P$<0.01。中型群雌性：胴长，$F$=1177.41，$P$<0.01；体重，$F$=1408.74，$P$<0.01。微型群雄性：胴长，$F$=55.87，$P$<0.01；体重，$F$=81.64，$P$<0.01。微型群雌性：胴长，$F$=304.33，$P$<0.01；体重，$F$=312.14，$P$<0.01)(表 4-1)。其中，中型群雌性个体的胴长和体重的相对增长率最大，微型群雌性个体和中型群雄性个体次之，微型群雄性个体最小。

表 4-1　南海鸢乌贼中型群和微型群的胴长及体重

| 类别 | 参数 | 时期 | 数量 | 均值 | 标准差 | 极小值 | 极大值 |
|---|---|---|---|---|---|---|---|
| 中型群雌性 | 胴长/mm | 未成熟 | 1494 | 127.51 | 18.72 | 77 | 205 |
| | | 成熟 | 252 | 172.25 | 21.48 | 130 | 266 |
| | | 总体 | 1746 | 133.97 | 24.77 | 77 | 266 |
| | 体重/g | 未成熟 | 1494 | 97.41 | 54.34 | 12.43 | 457.83 |
| | | 成熟 | 252 | 264.00 | 109.32 | 116.83 | 957.20 |
| | | 总体 | 1746 | 121.46 | 87.60 | 12.43 | 957.20 |
| 中型群雄性 | 胴长/mm | 未成熟 | 683 | 111.31 | 8.87 | 79 | 135 |
| | | 成熟 | 1218 | 124.93 | 6.84 | 108 | 151 |
| | | 总体 | 1901 | 120.04 | 10.05 | 79 | 151 |
| | 体重/g | 未成熟 | 683 | 54.31 | 15.46 | 15.08 | 118.83 |
| | | 成熟 | 1218 | 90.74 | 17.77 | 50.10 | 187.89 |
| | | 总体 | 1901 | 77.65 | 24.37 | 15.08 | 187.89 |
| 微型群雌性 | 胴长/mm | 未成熟 | 71 | 83.72 | 9.39 | 59 | 104 |
| | | 成熟 | 178 | 104.84 | 8.30 | 87 | 126 |
| | | 总体 | 249 | 98.82 | 12.86 | 59 | 126 |
| | 体重/g | 未成熟 | 71 | 19.94 | 6.63 | 7.17 | 39.41 |
| | | 成熟 | 178 | 41.48 | 9.38 | 24.6 | 69.49 |
| | | 总体 | 249 | 35.34 | 13.04 | 7.17 | 69.49 |
| 微型群雄性 | 胴长/mm | 未成熟 | 57 | 75.89 | 8.06 | 41 | 88 |
| | | 成熟 | 55 | 85.16 | 4.50 | 76 | 95 |
| | | 总体 | 112 | 80.45 | 8.02 | 41 | 95 |
| | 体重/g | 未成熟 | 57 | 14.57 | 3.63 | 2.54 | 20.61 |
| | | 成熟 | 55 | 20.59 | 3.41 | 14.50 | 30.73 |
| | | 总体 | 112 | 17.52 | 4.63 | 2.54 | 30.73 |

### 4.1.3　不同性腺发育阶段体重-胴长关系

通过比较发现，性未成熟个体体重与胴长关系式的系数小于性成熟个体，而指数则大于成熟个体(图 4-1)。中型群雌性性未成熟和性成熟个体体重与胴长的幂函数关系式分别为 $BW = 1\times10^{-6}ML^{3.72}$ ($R^2 = 0.96$) 和 $BW = 8\times10^{-5}ML^{2.91}$ ($R^2 = 0.95$)，两个表达式的指数和系数均存在显著性差异(指数，$F$=188.32，$P$<0.01；系数，$F$=9.53，$P$=0.02)。中型群雄性性未成熟和性成熟个体体重与胴长的幂函数关系式分别为 $BW = 3.1\times10^{-6}ML^{3.50}$ ($R^2$= 0.88) 和 $BW=1.9\times10^{-5}ML^{3.19}$ ($R^2$ = 0.79)，两个表达式的指数和系数均存在显著性差异(指数，$F$=38.47，$P$<0.01；系数，$F$=660.45，$P$<0.01)。微型群雌性性未成熟和性成熟个体体重与胴长的幂函数关系式分别为 $BW=7\times10^{-5}ML^{2.84}$ ($R^2$=0.92) 和 $BW=0.000137\times ML^{2.71}$ ($R^2$=0.88)，两个表达式的指数和系数均存在显著性差异(指数，$F$=1.920，$P$=0.167；系数，$F$=57.69，$P$<0.01)。微型群雄性性未成熟和性成熟个体体重与胴长的关系式分别为 $BW = 0.0001ML^{2.73}$ ($R^2 = 0.94$) 和 $BW = 0.00019\times ML^{2.61}$ ($R^2 = 0.73$)，两个表达式的指数和系数均

存在显著性差异(指数，$F$=0.25，$P$=0.62；系数，$F$=7.19，$P$<0.01)。

同时，四个类别个体的生长模式均为异速生长。其中，中型群雌性和雄性性未成熟个体体重与胴长关系式的指数大于 3(雌性，$F$=1.96，$P$<0.01；雄性，$F$=1.96，$P$<0.01)，雌性性成熟个体的指数大于 3($F$=1.97，$P$<0.01)，雄性性成熟个体的指数则小于 3($F$=1.96，$P$<0.01)；微型群雌雄个体体重与胴长关系式的指数均小于 3(性未成熟个体：雌性，$F$=1.99，$P$<0.01，雄性，$F$=2.00，$P$<0.01；性成熟个体：雌性，$F$=1.97，$P$<0.01，雄性，$F$=2.00，$P$<0.01)。此外，对于性未成熟阶段和性成熟阶段的个体，其体重与胴长幂函数关系式的指数以中型群雌性个体最大，中型群雄性和微型群雌性个体次之，微型群雄性个体最小(图 4-1)。

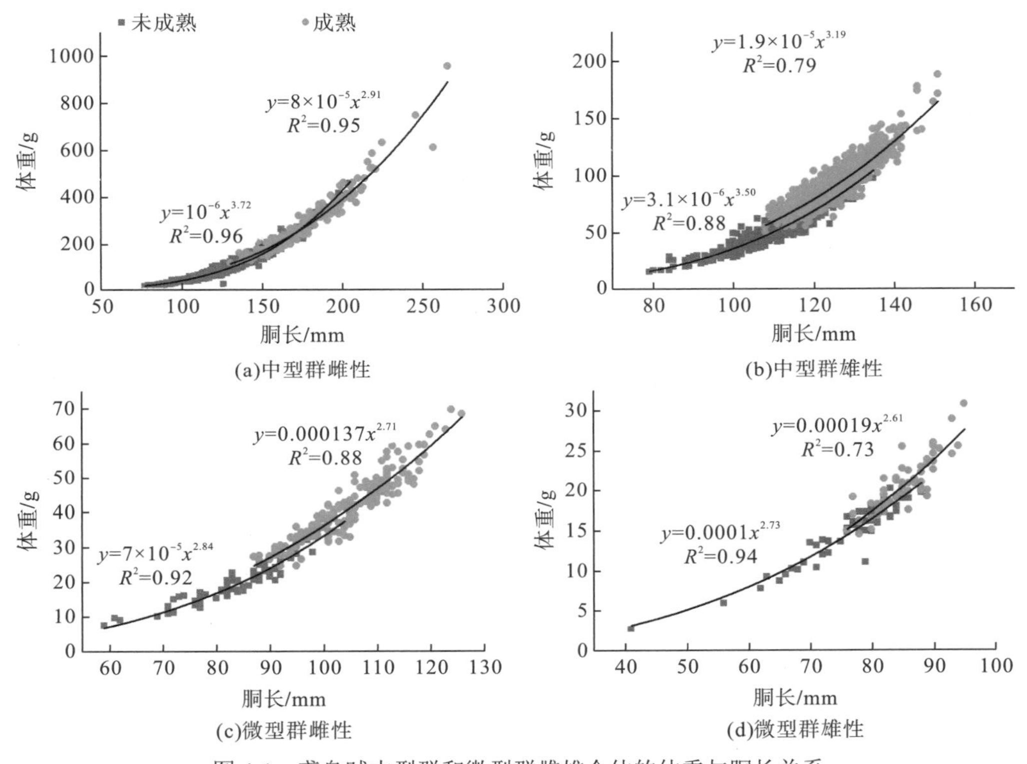


图 4-1　鸢乌贼中型群和微型群雌雄个体的体重与胴长关系

## 4.2　繁 殖 特 性

### 4.2.1　性别比例

中型群雌性与雄性个体的总体数量相近，雌雄比例为 1∶1.09($P$>0.05)。然而，随着性腺发育，雌性个体数量下降显著($\chi^2$=156.46，$P$<0.01)，雄性个体数量增加显著($\chi^2$=355.81，$P$<0.01)(图 4-2)。在采样月份上，雌性个体在 12 月所占比例最高，为 59%；在翌年 4 月

所占比例最低，为 43%。同时，在每个采样月份里，雌性个体中以性未成熟个体为主，性成熟个体数量在 12 月所占比例最高，为 41%。相反，雄性个体在每个采样月份以性成熟个体占优。

微型群的总体样本中以雌性个体为主，雌雄比例为 1∶0.45（$\chi^2$=26.93，$P$<0.01）。然而，与中型群样本相反，随着性腺发育雌性个体比例显著增加，雄性个体比例减少显著（$\chi^2$=16.91，$P$<0.01），其雌雄比例随性腺发育逐步增大（图 4-2）。在采样月份上，除了 12 月所采集的样本均为雄性样本外，其他各月份均以雌性个体占优（$P$<0.05），并且每个月份性成熟雌雄个体均有分布。微型群雌性个体在每个采样月份里均以性未成熟个体为主；雄性个体中，9 月和 10 月以性未成熟个体为主，翌年 3 月、4 月，性成熟个体所占比例则逐渐增加。

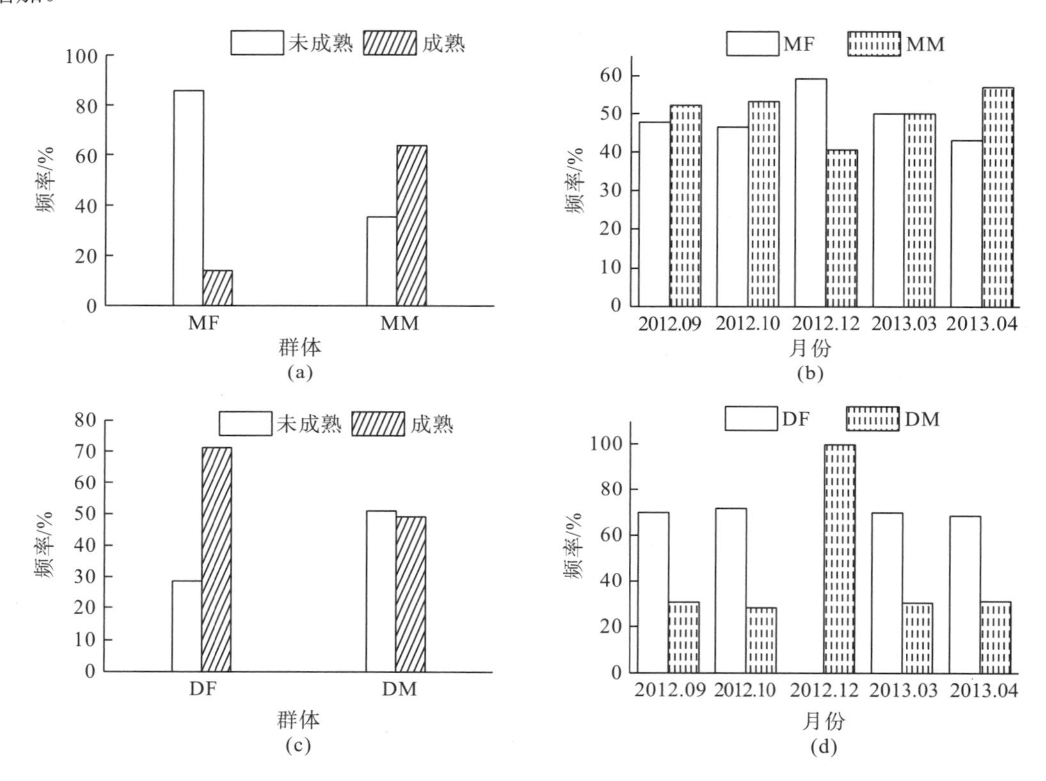


MF.中型群雌性；MM.中型群雄性；DF.微型群雌性；DM.微型群雄性

图 4-2　不同性成熟度鸢乌贼中型群与微型群雌雄个体频率分布

### 4.2.2　雌性性腺指数和缠卵腺指数

中型群雌性个体的性腺组织质量随着性腺发育逐渐增大，性腺指数和缠卵腺指数均增加显著（性腺指数，$F$=7080.70，$P$<0.01；缠卵腺指数，$F$=6287.82，$P$<0.01）（图 4-3）。其中，性腺指数为 0.01%～7.74%，平均值为（0.84±1.32）%；性成熟个体的性腺指数为 0.24%～7.74%，平均值为（3.72±1.42）%。缠卵腺指数为 0.01%～7.65%，平均值为（0.35±0.71）%；

性成熟个体的性腺指数为 0.30%～7.65%，平均值为(1.87±0.81)%。在采样月份里，性腺指数和缠卵腺指数在 9～12 月较大，并呈增长趋势(图 4-3)。

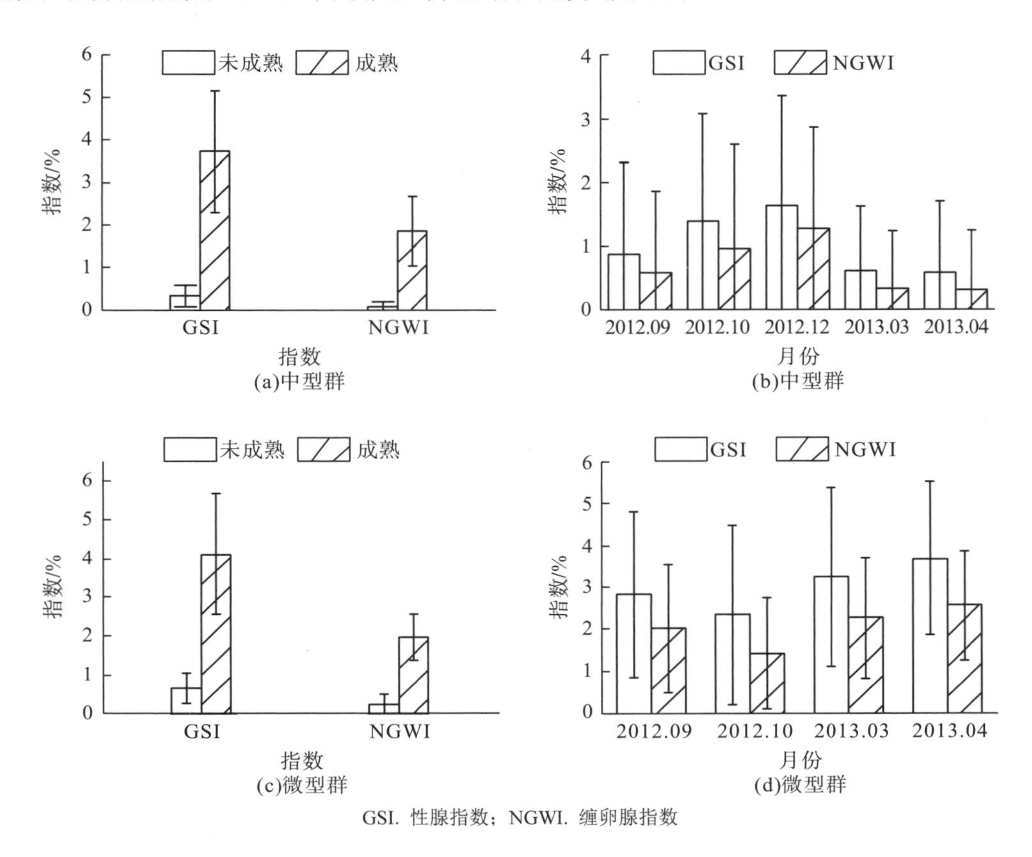


图 4-3　不同性成熟度和月份鸢乌贼中型群与微型群雌性个体的性腺指数和缠卵腺指数分布

与中型群相似，微型群雌性个体的性腺指数和缠卵腺指数随着性腺发育增加显著(性腺指数，$F$=339.89，$P$<0.01；缠卵腺指数，$F$=582.05，$P$<0.01)(图 4-3)。性腺指数和缠卵腺指数分别为 0.01%～9.38%[平均值为(3.16±2.04)%]和 0.01%～4.58%[平均值为(1.51±0.94)%]；性成熟时，两者分别为 0.39%～9.38%[平均值为(4.41±1.55)%]和 0.87%～4.58%[平均值为(2.00±0.58)%]。在采样月份里，性腺指数和缠卵腺指数在 9～10 月呈下降趋势，而在翌年 3～4 月呈增加的趋势(图 4-3)。

### 4.2.3　雄性性腺指数和精荚复合体指数

中型群雄性个体性腺指数和精荚复合体指数分别为 0.03%～2.79%和 0.001%～4.31%，平均值分别为(1.56±0.44)%和(1.31±0.80)%。性成熟个体的性腺指数和精荚复合体指数均较未成熟个体显著增加(性腺指数，$F$=1327.73，$P$<0.01，精荚复合体指数，$F$=5422.33，$P$<0.01)(图 4-4)。在采样月份里，性腺指数和精荚复合体指数波动较小，在 9～10 月呈现

增加趋势，在 3～4 月则略呈下降趋势(图 4-4)。

微型群雄性个体性腺指数和精荚复合体指数分别为0.17%～5.17%和0.001%～4.86%，平均值分别为(2.02±0.54)%和(2.02±1.02)%。随着性腺发育，性腺指数和精荚复合体指数均呈增加的趋势(图 4-4)。其中，性成熟个体的精荚复合体指数增加显著($F$=88.46，$P$<0.01)。在采样月份里，性腺指数在 9～12 月略呈增加趋势，而在 3～4 月呈下降趋势；精荚复合体指数在 9～12 月呈现降低的趋势，在 3～4 月呈现增加的趋势(图 4-4)。

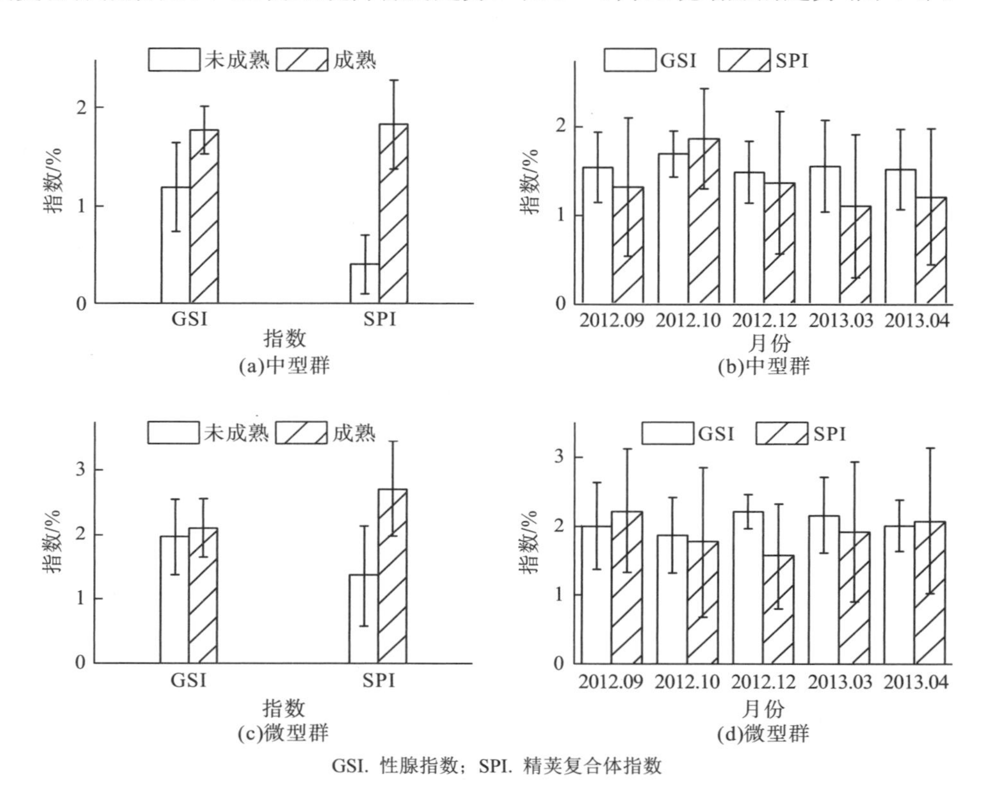


图 4-4 不同性成熟度和月份鸢乌贼中型群与微型群雄性个体的性腺指数和精荚复合体指数分布

## 4.3 摄食等级变化

中型群雌性个体，性未成熟期和成熟期均以胃饱满度 4 级的个体占优，胃饱满度 0 级个体占比最少；并且性成熟个体的摄食强度有所增加，胃饱满度等级较高的个体数量增加显著($\chi^2$=16.99，$P$<0.01)(图 4-5)。雄性个体中，性未成熟期和成熟期胃饱满度 0 级的个体所占比例最小(性未成熟期，$\chi^2$=9.456，$P$=0.05；性成熟期，$\chi^2$=10.71，$P$<0.05)，胃饱满度为 1～4 级的个体数量较为一致($\chi^2$=1.01，$P$=0.91)(图 4-6)。

微型群雌性个体中，性未成熟期以胃饱满度 2 级、3 级的个体为主，但不同胃饱满度之间的个体数量不存在显著差异($P$>0.05)；性成熟期胃饱满度 0 级、1 级的个体所占比例最小，4 级个体所占比例最大($\chi^2$=21.24，$P$<0.01)(图 4-5)。雄性个体中，性未成熟期以胃饱满度 2 级个体所占比例最高，但不同胃饱满度之间的个体数量没有显著性差异($P$>0.05)；性成熟期以胃饱满度 2 级的个体所占比例最大，0 级个体数量最少($\chi^2$=24.51，$P$<0.01)(图 4-6)。

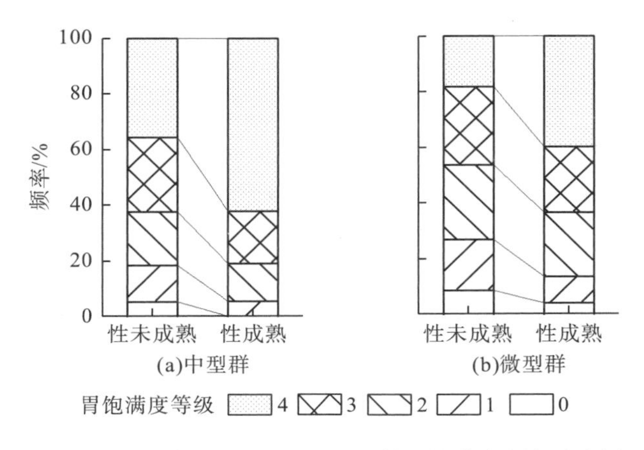


图 4-5　鸢乌贼中型群与微型群雌性胃饱满度频率分布图

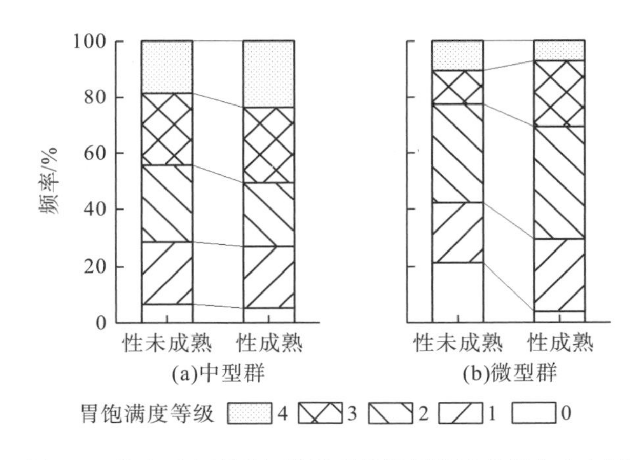


图 4-6　鸢乌贼中型群与微型群雄性胃饱满度频率分布图

## 4.4　性腺发育与时空因子的关系

中型群雌性性未成熟个体所占比例较大，随经度的增加总体呈现升高的趋势，但在 110°E～112°E 和 113°E～114°E 呈下降趋势，而随纬度的变化趋势不明显。微型群雌性性未成熟个体占比均小于或接近 50%，其中，随着经度的增加，性未成熟个体所占比例呈现穹顶形变化，在 113°E 处达到最大值，而随着纬度的增加，性未成熟个体所占比例总体上降低但在 14°N～15°N 增长，在 6°N 达到最大。雄性性未成熟个体随经纬度的增加波动明显，但未见明显的变化趋势(图 4-7)。

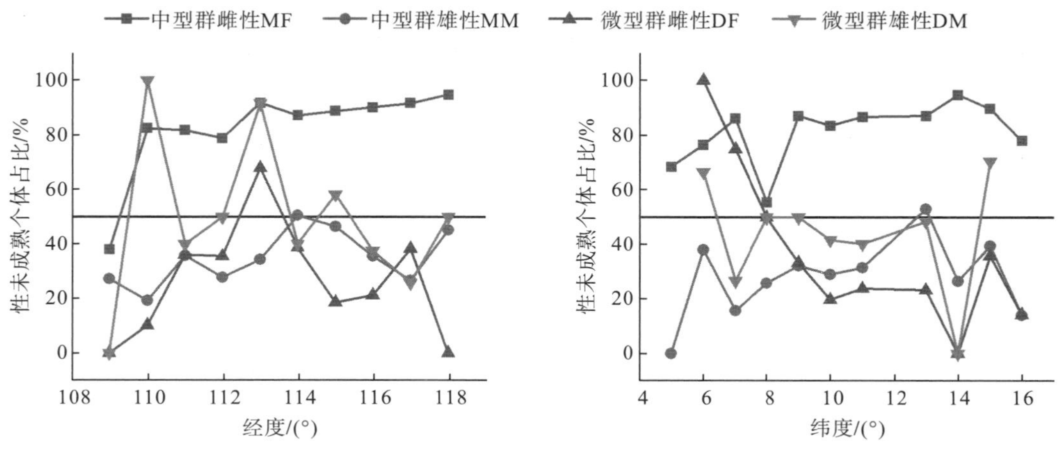


图 4-7 不同地理位置鸢乌贼中型群和微型群性未成熟个体占比

## 4.4.1 性腺发育状况的时空变化

中型群雌性的性腺指数与纬度和月份显著相关(表 4-2)，其中随着纬度的增加，性腺指数逐步降低；随着月份的增加，性腺指数呈现穹顶形变化趋势，在 12 月达到最大值。中型群雄性的性腺指数与月份显著相关，随着月份的增加，性腺指数逐步增大。微型群雌性的性腺指数与地理和时间因素均不呈显著性的相关关系。微型群雄性的性腺指数与月份显著相关，随着月份的增加，性腺指数呈现降低的趋势，在 4 月达到最低值(图 4-8)。

表 4-2 性腺指数与海域和月份的 GAM 拟合模型

| 群体 | 解释变量 | 估计自由度 | 参考自由度 | $F$ | $P$ | 偏差解释率/% | $R^2$ |
|---|---|---|---|---|---|---|---|
| MF | 纬度 | 4.48 | 5.44 | 3.79 | 0.01 | 37.2 | 0.3 |
| | 经度 | 1 | 1 | 3.29 | 0.08 | 7.26 | 0.05 |
| | 空间 | 5.5 | 7.32 | 1.77 | 0.13 | 31.6 | 0.22 |
| | 月份 | 1.78 | 2.16 | 1.32 | 0.28 | 8.46 | 0.05 |
| MM | 纬度 | 3.42 | 4.23 | 1.17 | 0.32 | 15.2 | 0.79 |
| | 经度 | 3.79 | 4.71 | 1.47 | 0.26 | 17.8 | 0.1 |
| | 空间 | 2.52 | 3.04 | 6.87 | 0 | 37 | 0.33 |
| | 月份 | 1 | 1 | 9.33 | 0 | 18.2 | 0.16 |
| DF | 纬度 | 1.35 | 1.63 | 2.76 | 0.13 | 9.21 | 0.06 |
| | 经度 | 2.13 | 2.66 | 7.28 | 0 | 34.5 | 0.31 |
| | 空间 | 3.66 | 4.91 | 1 | 0.39 | 16.4 | 0.09 |
| | 月份 | 1.89 | 2.29 | 1.89 | 0.13 | 12.4 | 0.08 |
| DM | 纬度 | 1 | 1 | 5.91 | 0.02 | 12.3 | 0.1 |
| | 经度 | 6.73 | 7.78 | 1.98 | 0.08 | 34.1 | 0.22 |
| | 空间 | 1 | 1 | 2.04 | 0.16 | 4.62 | 0.02 |
| | 月份 | 1.06 | 1.11 | 1.13 | 0.27 | 3.42 | 0.01 |

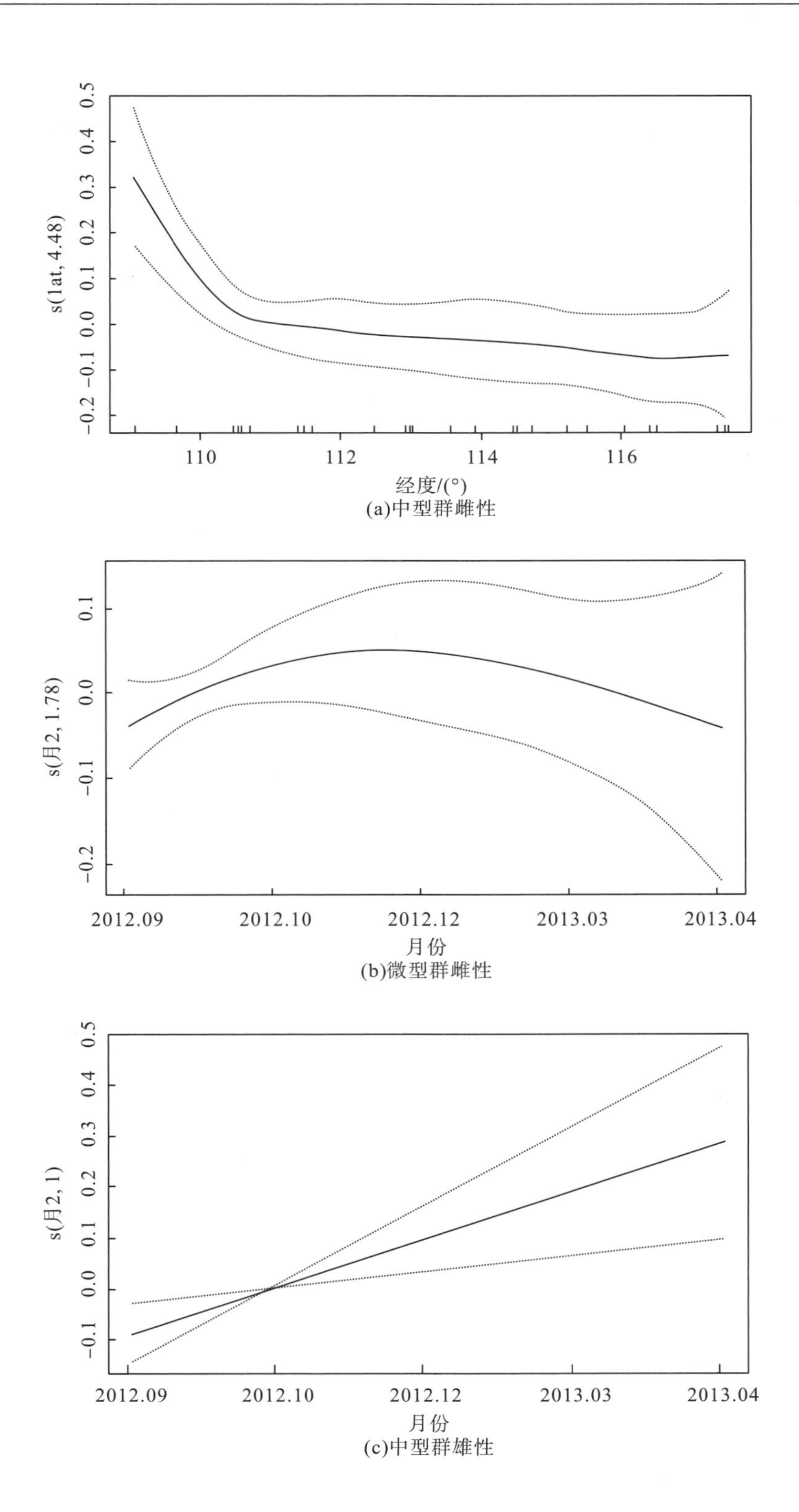

(a)中型群雌性


(b)微型群雌性


(c)中型群雄性

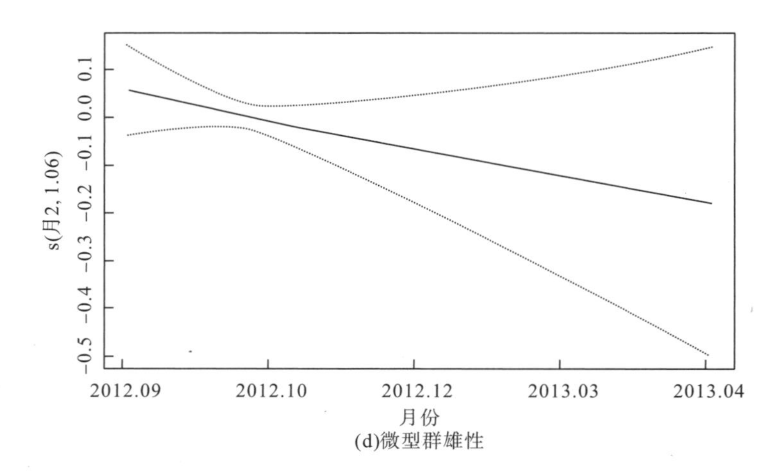


(d)微型群雄性

图 4-8 海域和月份对性腺发育指标影响的 GAM

### 4.4.2 性腺组织体征指标的时空变化

中型群雌性和雄性的性腺组织体征指标与纬度和月份显著相关(表 4-3)，其中随着纬度的增加，性腺指数逐步降低；随着月份的增加，性腺组织体征指标产生一定的波动变化，雌性在 10～12 月达到最小值，而雄性则呈现出穹顶形变化，在 10～12 月达到最大值。微型群雌性的性腺组织体征指标与纬度显著相关，随着纬度的增加，性腺组织体征指标逐步降低(图 4-9)。微型群雄性的性腺组织体征指标与地理和月份因素之间不存在显著的相关关系。

表 4-3 性腺组织体征指标与地理和月份的 GAM 拟合

| 群体 | 解释变量 | 估计自由度 | 参考自由度 | $F$ | $P$ | 偏差解释率/% | $R^2$ |
|---|---|---|---|---|---|---|---|
| MF | 纬度 | 8.06 | 8.73 | 1.79 | 0.14 | 33.6 | 0.18 |
| | 经度 | 1 | 1 | 4.77 | 0.03 | 10.2 | 0.08 |
| | 空间 | 4.52 | 6.3 | 3.98 | 0 | 43.6 | 0.37 |
| | 月份 | 8.81 | 8.98 | 2.53 | 0.02 | 42.3 | 0.27 |
| MM | 纬度 | 1 | 1 | 0.6 | 0.44 | 1.41 | −0.01 |
| | 经度 | 1.78 | 2.23 | 6.59 | 0 | 27.2 | 0.24 |
| | 空间 | 1.88 | 2.33 | 1.61 | 0.21 | 10.5 | 0.06 |
| | 月份 | 2.2 | 2.64 | 4.11 | 0.03 | 22.1 | 0.18 |
| DF | 纬度 | 1 | 1 | 0.05 | 0.83 | 0.11 | −0.02 |
| | 经度 | 1 | 1 | 10.96 | 0 | 20.7 | 0.19 |
| | 空间 | 2.26 | 2.8 | 1.6 | 0.29 | 11.4 | 0.07 |
| | 月份 | 1.94 | 2.34 | 1.47 | 0.31 | 9 | 0.05 |
| DM | 纬度 | 1 | 1 | 0.12 | 0.73 | 0.29 | −0.02 |
| | 经度 | 1 | 1 | 2.31 | 0.14 | 5.21 | 0.03 |
| | 空间 | 1.6 | 2.02 | 0.63 | 0.54 | 4.64 | 0.01 |
| | 月份 | 1 | 1 | 0.83 | 0.37 | 1.94 | 0 |

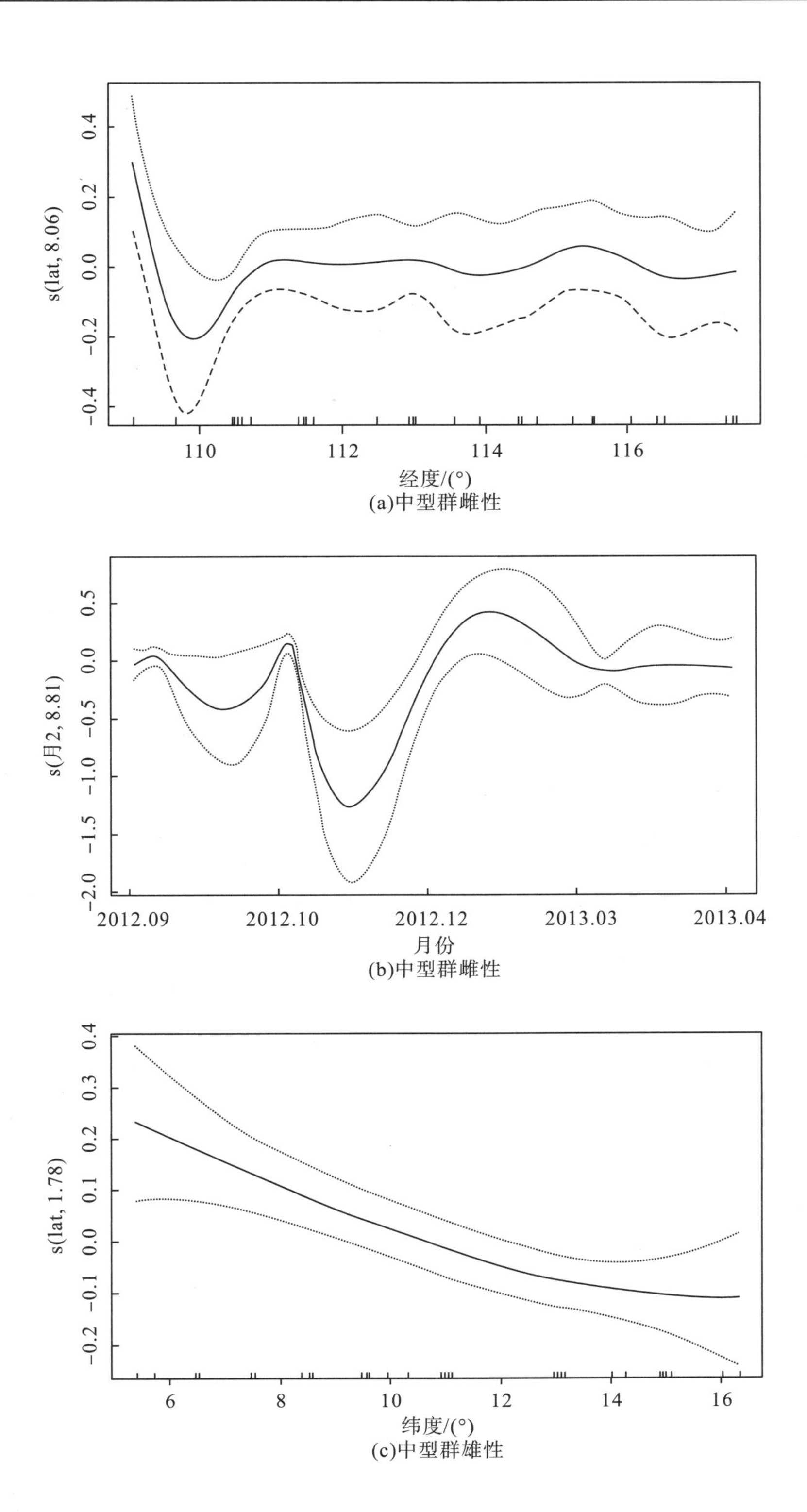


(a)中型群雌性

(b)中型群雌性

(c)中型群雄性

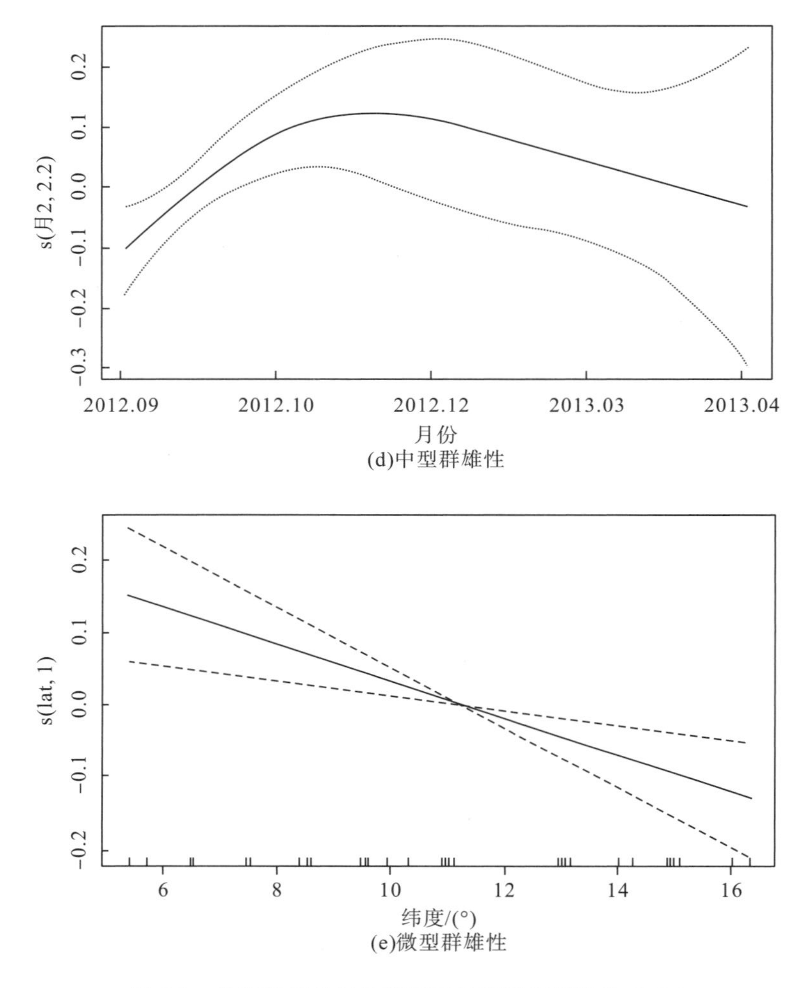


图 4-9　地理和月份对性腺发育体征指标影响的 GAM

## 4.5　性腺发育与环境因素影响

### 4.5.1　性腺发育状况与环境单因素分析

中型群雌性的性腺指数与叶绿素浓度和海水盐度显著相关(表 4-4)，其中，随着叶绿素浓度的增加，性腺指数呈现穹顶形变化，其最适叶绿素浓度为 0.4～0.8；随着海水盐度的增加，性腺指数呈现阶段性变化，当海水盐度小于 31.5 时，性腺指数随着盐度的升高而快速降低，当盐度大于 31.5 时，性腺指数趋于稳定。中型群雄性和微型群雌性的性腺指数与环境因素之间均无显著性的相关关系。微型群雄性的性腺指数与海水盐度显著相关，随着海水盐度的增加，性腺指数呈现穹顶形变化(图 4-10)。

表 4-4　性腺组织体征指标与海洋环境因子的 GAM 拟合

| 响应变量 | 群体 | 解释变量 | 估计自由度 | 参考自由度 | $F$ | $P$ | 偏差解释率/% | $R^2$ |
|---|---|---|---|---|---|---|---|---|
| GSI | MF | 海面温度 | 1.00 | 1.00 | 3.31 | 0.08 | 7.31 | 0.05 |
| | | 叶绿素浓度 | 5.90 | 6.79 | 20.47 | 0.00 | 79.40 | 0.76 |
| | | 海水盐度 | 8.28 | 8.85 | 12.28 | 0.00 | 76.30 | 0.71 |
| | | 海面高度异常 | 1.00 | 1.00 | 2.20 | 0.15 | 4.98 | 0.03 |
| | MM | 海面温度 | 1.00 | 1.00 | 0.37 | 0.55 | 0.87 | −0.01 |
| | | 叶绿素浓度 | 1.00 | 1.00 | 0.72 | 0.40 | 1.68 | −0.01 |
| | | 海水盐度 | 1.00 | 1.00 | 2.10 | 0.16 | 4.76 | 0.02 |
| | | 海面高度异常 | 8.17 | 8.80 | 1.74 | 0.14 | 34.10 | 0.19 |
| | DF | 海面温度 | 1.00 | 1.00 | 0.78 | 0.38 | 1.83 | −0.01 |
| | | 叶绿素浓度 | 1.00 | 1.00 | 0.04 | 0.84 | 0.10 | −0.02 |
| | | 海水盐度 | 1.00 | 1.00 | 0.08 | 0.78 | 0.19 | −0.02 |
| | | 海面高度异常 | 4.09 | 5.08 | 1.63 | 0.18 | 21.00 | 0.13 |
| | DM | 海面温度 | 1.00 | 1.00 | 3.03 | 1.09 | 6.73 | 0.05 |
| | | 叶绿素浓度 | 3.79 | 4.79 | 0.91 | 0.40 | 15.30 | 0.67 |
| | | 海水盐度 | 2.24 | 2.75 | 3.19 | 0.04 | 21.00 | 0.17 |
| | | 海面高度异常 | 6.26 | 7.39 | 1.88 | 0.09 | 32.60 | 0.21 |

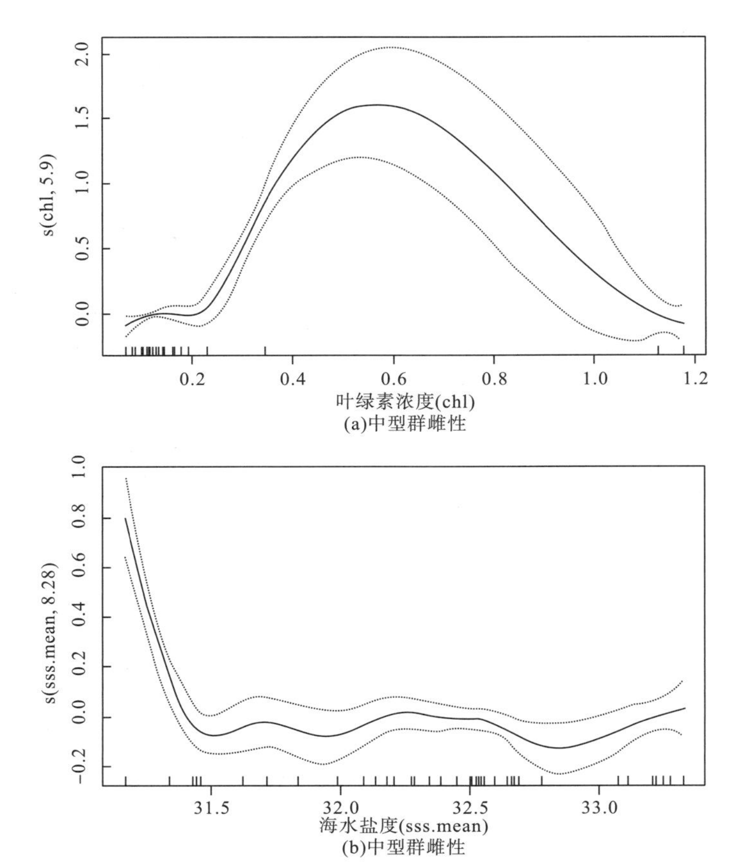

(a)中型群雌性

(b)中型群雌性

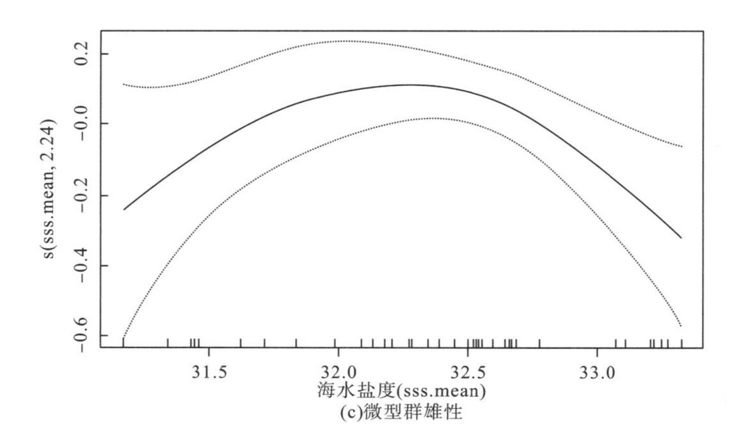

(c)微型群雄性

图 4-10 海洋环境因子对性腺发育指标影响的 GAM

## 4.5.2 性腺组织体征指标与环境单因素分析

中型群雌性的性腺组织体征指标与叶绿素浓度和海水盐度显著相关(表 4-5)，其中，随着叶绿素浓度的增加，性腺组织体征指标呈现穹顶形变化，其最适叶绿素浓度为 0.4～0.8；随着海水盐度的增加，性腺组织体征指标呈现阶段性变化，当海水盐度小于 31.5 时，性腺指数随着盐度的升高而快速降低，当盐度大于 31.5 时，性腺指数趋于稳定。中型群雄性的性腺组织体征指标与海平面高度异常指数显著相关，随着海平面高度异常指数的增加，性腺组织体征指标呈现阶段性的先增加后降低的变化趋势，最适海平面高度异常指数位于 0.15～0.20(图 4-11)。

**表 4-5 性腺发育体征指标与海洋环境因子的 GAM 拟合**

| 响应变量 | 群体 | 解释变量 | 估计自由度 | 参考自由度 | $F$ | $P$ | 偏差解释率/% | $R^2$ |
|---|---|---|---|---|---|---|---|---|
| 性腺组织体征指标 | MF | 海面温度 | 1 | 1 | 0.04 | 0.85 | 0.09 | −0.02 |
| | | 叶绿素浓度 | 5.64 | 6.51 | 5.95 | 0 | 53.3 | 0.46 |
| | | 海水盐度 | 7.65 | 8.52 | 4.96 | 0 | 56.5 | 0.47 |
| | | 海面高度异常 | 1 | 1 | 3.22 | 0.08 | 7.12 | 0.05 |
| | MM | 海面温度 | 1.13 | 1.24 | 0.11 | 0.73 | 1.12 | −0.02 |
| | | 叶绿素浓度 | 3.28 | 3.99 | 2.02 | 0.11 | 20.4 | 0.14 |
| | | 海水盐度 | 4.31 | 5.33 | 2.08 | 0.08 | 26.6 | 0.18 |
| | | 海面高度异常 | 5.06 | 6.17 | 4.01 | 0 | 42.6 | 0.35 |
| | DF | 海面温度 | 1 | 1 | 0.57 | 0.45 | 1.34 | −0.01 |
| | | 叶绿素浓度 | 1 | 1 | 0 | 0.95 | 0.01 | −0.02 |
| | | 海水盐度 | 1 | 1 | 0.53 | 0.47 | 1.25 | −0.01 |
| | | 海面高度异常 | 1 | 1 | 2.93 | 0.09 | 6.53 | 0.04 |
| | DM | 海面温度 | 1 | 1 | 0.01 | 0.91 | 0.03 | −0.02 |
| | | 叶绿素浓度 | 1 | 1 | 1.57 | 0.22 | 3.6 | 0.01 |
| | | 海水盐度 | 1 | 1 | 0.59 | 0.45 | 1.38 | −0.01 |
| | | 海面高度异常 | 1 | 1 | 2.54 | 0.12 | 5.71 | 0.03 |

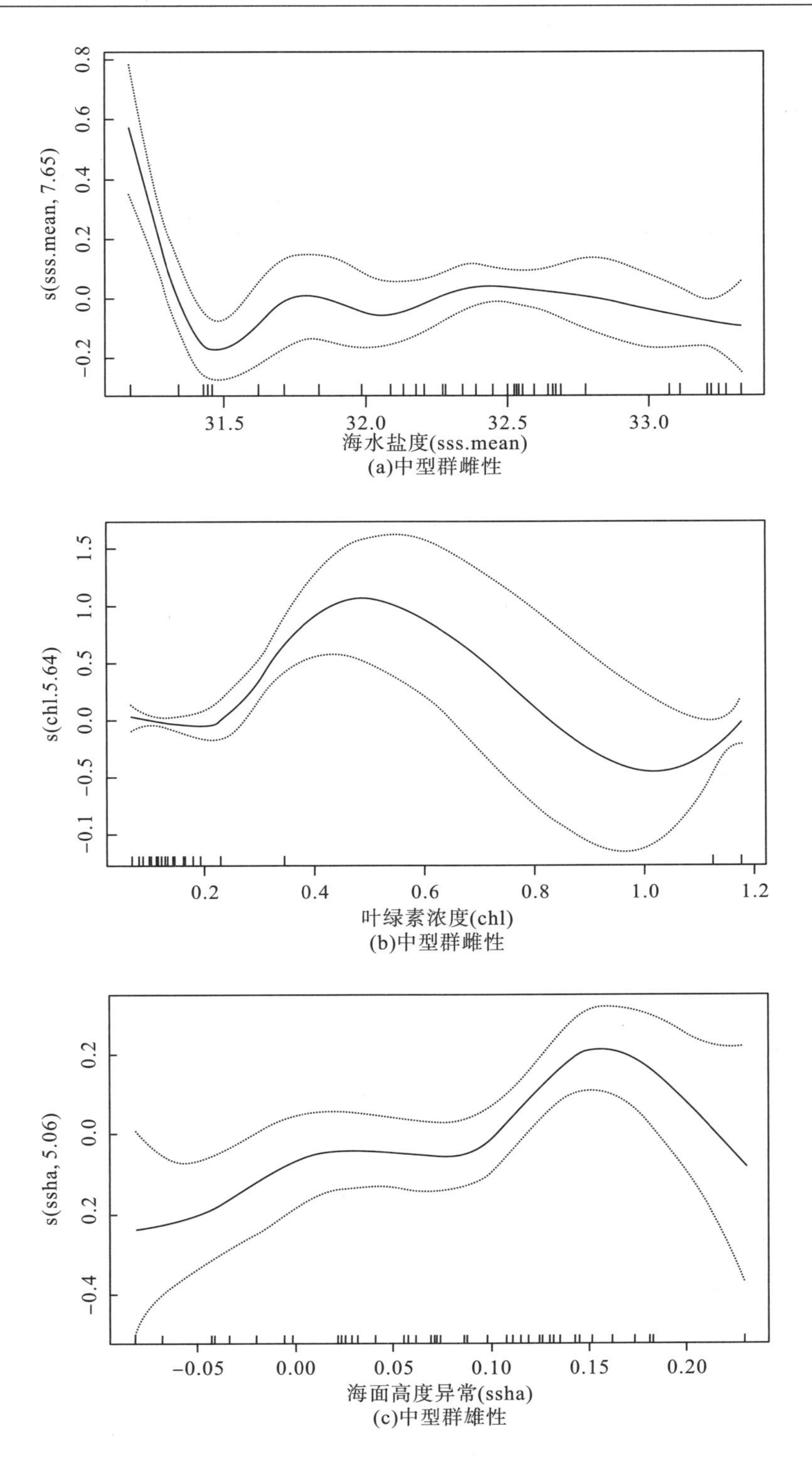


图4-11　海洋环境因子对性腺发育体征指标影响的GAM

# 4.6 鸢乌贼性成熟度与海洋环境关系分析

## 4.6.1 不同性腺发育阶段的个体生长发育变化

大洋性头足类的生命周期约为一年，生长速率快且多为终生一次生殖发育。因而，这些种类的性腺发育往往滞后于个体生长，并且性腺组织的发育具有阶段性(Boyle and Rodhouse，2005)。本书研究发现，南海鸢乌贼体重-胴长幂函数关系式为 $BW = aML^b$，从 $a$ 和 $b$ 可以看出：中型群和微型群的雌雄个体在性未成熟阶段的 $a$ 均小于性成熟阶段的 $a$，$b$ 则反之，表明这些个体在性未成熟和性成熟两个阶段的生长发育存在差异(Alonso-Fernández and Saborido-Rey，2012)。该结果与阿拉伯海域和太平洋海域鸢乌贼个体因生长阶段不同其生长模式相异的特性相一致(Bizikov，1999)。通常，水生动物在生长过程中会出现生长异速点(Chowdhury et al.，2013)，反映组织生长发育及生活史阶段的转变(张云龙等，2017)。其中，体重与体长关系的系数 $a$ 反映生活史阶段的转变(Huxley，1924)，指数 $b$ 则表征其体型变化(詹秉义，1995)。因此，鸢乌贼的异速生长特征是其个体生长发育及生活史阶段转变的综合反映(Froese，2006)。

同时，体重-胴长幂函数关系的参数 $a$ 可以作为表征鱿鱼个体肥满度的指标之一(Yatsu et al.，1997)。本书研究显示，中型群雌雄个体的 $a$ 均小于微型群个体，说明鸢乌贼的肥满度中型群低于微型群，结果与江艳娥等(2019)研究的南海鸢乌贼中型群个体肥满度低于微型群个体肥满度的结论相一致。然而，本书研究和江艳娥等(2019)研究的南海鸢乌贼群体的体重-胴长幂函数关系 $a$ 均远低于阿拉伯海域(Mohamed et al.，2006)和印度西南沿海(Chembian and Mathew，2014)的鸢乌贼群体。这可能与南海较低的海洋初级生产力(Chen et al.，2019)相关，从而导致该海域群体的肥满度相对较低。此外，从 $b$ 看，中型群个体的 $b$ 均大于微型群，说明鸢乌贼的体重生长速率中型群大于微型群。这种差异性进一步表明了南海鸢乌贼型群之间具有不同的生长模式(Takagi et al.，2002)，且与阿拉伯海域(Bizikov，1999)和太平洋海域(Liu et al.，2017)等海域的鸢乌贼型群之间的差异性结果相一致。

## 4.6.2 性别比例和性腺指数变化

虽然鸢乌贼个体全年产卵，但其性成熟仍具有季节性的变化且具有群体特殊性。中型群雄性个体性腺指数、数量占比在 12 月达到最大，且雌性性成熟个体比例在该月份达到最大，表明中型群个体越来越接近产卵季节。微型群雌性性腺指数、性成熟个体所占比例在 4 月达到最大，数量占比仅次于 3 月，表明该季节越来越接近产卵季节。通过耳石日龄所得南海鸢乌贼中型群和微型群的孵化日期均为夏季(江艳娥等，2019)，与该研究对微型群的推断结果一致，而与该研究对中型群的推断结果相差较大。这可能是不同群体的鸢乌贼存在不同的产卵季节所致。在其他海域的鸢乌贼个体也存在不止一个产卵季节，如在印度洋西北海域，鸢乌贼存在两个可能的产卵高峰，分别为 3～4 月、8～12 月(Chembian，

2013)。研究认为，北半球中等体型的产卵高峰是在秋季和冬季(Zuev et al.，1985)。在台湾水域发现了三个不同的季节性群体(Okutani，1978)：6 月产卵群体、9～10 月产卵群体和 2～3 月产卵群体。而两个群体性成熟高峰时间的差异则与不同群体的生命周期相关，中型群个体生命周期长于微型群，相应的繁殖周期也不同。由于该研究采样月份较少，不能对全年的个体成熟变动情况做全面的统计，在今后的研究中可做多月份的样本收集，以验证并扩展其产卵季节研究。

同时，两个群体不同性成熟阶段所呈现出的雌雄比例也不同，中型群总体上雌雄个体占比差异不大，但在性未成熟期和性成熟期分别以雌性和雄性为主；而微型群在总体上和性成熟期均以雌性为主。中型群的雌雄比例变化与不同性别的性腺发育特性相关，雄性个体性早熟(张鹏等，2015)，会比雌性提前进入成熟期，因此总体上雌雄比例为 1，但在不同性腺发育阶段差异较大。而微型群的性别比例变化则可能与渔具选择性和雄性个体生命周期较短相关。微型群雄性体型较小，渔具对其的选择性要大于微型群雌性；微型群雄性的生命周期较雌性短，而在 9 月、10 月性成熟个体的比例不断增加，在繁殖期间雄性交配后即死亡，而雌性个体在交配后依旧存活并前往产卵场产卵，因此也一定程度上影响了雌雄比例。

此外，雌性个体的成熟度指数较高，从性未成熟期到性成熟期，GSI 和 NGWI 增长了数倍。这是由于卵巢和缠卵腺体积突然增加，此时可能为性腺发育的转折点，这与输卵管的发育特征相呼应。相较于雌性个体，雄性个体性未成熟期的 GSI 初始值较高，表明雄性个体性腺发育较早，且在性成熟期精子细胞将转移至精荚囊中造成该值降低。未成熟期 SPI 的初始值较 GSI 低，但之后增长较大，表明精荚复合体的发育滞后于精巢，而精子细胞增长非常明显且精子在进入该组织后的进一步发育是造成其增重的主要原因(Nigmatullin et al.，1995)。相较于其他海域鸢乌贼个体，该研究中个体性腺组织占体重的比例较小，如印度洋西北海域个体的性腺组织约占体重的 13%以上，夏威夷、阿拉伯海等海域个体则在 11%～15%(Laptikhovsky，1995)，这种现象可能是不同海域鸢乌贼对环境的适应性所致。由于南海海域的初级生产力较低，南海海域鸢乌贼个体较其他海域同一群体的体型小，而在同一群体内部，体型较小个体的繁殖投入也较小，这一现象在印度洋西北海域的各群体中均有发现(Chembian，2013)。

## 4.7　小　　结

综上，本章通过对南海鸢乌贼中型群和微型群不同性腺发育时期和月份的基础生物学参数、性腺指数以及肌肉和性腺组织的体征指标进行分析，初步探讨了两个群体的繁殖特性、体征生长及其与环境因子之间的关系。南海鸢乌贼的生长在性腺发育过程中发生了显著性改变，性腺指数具有群体特殊性。鸢乌贼的生长发育还存在季节性，但由于本次实验采样月份未能覆盖全年，因此今后的研究需要加强全年性的采样以深入探讨分析南海水域鸢乌贼群体的繁殖产卵季节。本章研究结果将进一步丰富鸢乌贼不同群体的繁殖生物学，为掌握该类群的繁殖策略研究提供参考。

# 第 5 章　南海鸢乌贼个体繁殖力及其特性

南海海域鸢乌贼个体的生命周期小于一年，研究认为北半球同一群体鸢乌贼个体的产卵高峰季节为秋季和冬季，产卵活动分批次进行，持续时间较长。在头足类的群体结构变动及其生物量变化研究中，繁殖力是重要的影响因素，繁殖力大小、成熟卵子的排放方式等构成了物种繁殖策略的重要组成部分。对鸢乌贼个体繁殖力及其特性进行研究将有助于了解其生活史、资源补充，以及在大洋性环境变动中的进化适应。为此，根据在南海海域采集的鸢乌贼样本，对其繁殖力大小及其与生物学指标的关系、卵母细胞和成熟卵子的卵径分布及其产卵模式进行分析，探讨其有效繁殖力特性及其与个体生长发育的关系，以期掌握该种群的繁殖力特性，为鸢乌贼的群体变动以及合理开发南海渔业资源提供科学参考。

## 5.1　雌性个体繁殖力及其特性

利用重量法测定卵巢卵母细胞数量(ovarian oocytes number，OON)和输卵管成熟卵子数量(oviduct eggs number，OEN)。分别切取卵巢组织和输卵管组织 0.02～0.10g 用于卵巢卵母细胞和成熟卵子的计数，计数公式为

$$E= e\cdot (W/w)$$

式中，$E$ 为卵巢卵母细胞或卵巢成熟卵子的数量；$W$ 为卵巢或者输卵管的整体重量；$w$ 为切取的卵巢或输卵管重量；$e$ 为切取的卵巢组织中的卵母细胞数量或切取的输卵管组织中的成熟卵子数量。

对计数后的卵巢卵母细胞和输卵管成熟卵子进行卵径测定，测定步骤为将卵母细胞或者卵子散置于培养皿中，利用立体显微镜进行观察，测定长径，精确至 0.01mm。同时，随机选取并且称量 100 粒输卵管成熟卵子的总重量，单个成熟卵子重量(egg weight, EW)则为该百粒卵子的平均重量。

雌性个体的潜在繁殖力(potential fecundity，PF)为卵巢卵母细胞数和输卵管成熟卵子数之和，单位为 cell；相对繁殖力(relative fecundity，RF)为潜在繁殖力与体重的商，单位为 cell/g；潜在繁殖力投入指数(index of potential reproduction investment，PRI)为相对繁殖力与单个成熟卵子重量的积。

### 5.1.1　性腺发育指标变化

鸢乌贼中型群和微型群雌性个体的生物学指标和性腺发育指标见表 5-1。中型群生理性发育期(III期)，个体的胴长和体重分别为 145mm±4mm 和 133.4g±8.6g，缠卵腺长和性腺组

织总重量分别为 35mm±7mm 和 2.03g±1.11g；性腺指数和缠卵腺指数分别为(1.55±1.11)%和(23.76±4.62)%。性成熟期(Ⅳ～Ⅵ期)，个体的胴长和体重分别为 167mm±16mm 和 209.8g±57g，缠卵腺长和性腺组织总重量分别为 65.20mm±13.40mm 和 16.10g±9.02g；性腺指数和缠卵腺指数分别为(7.99±3.40)%和(38.81±6.41)%。微型群雌性个体的生物学指标和性腺发育指标等见表 5-1。生理性发育期(III期)，个体的胴长和体重分别为 92mm±4mm 和 24.3g±1.7g，缠卵腺长和性腺组织总重量分别为 22mm±3mm 和 0.41g±0.04g；性腺指数和缠卵腺指数分别为(1.03±0.14)%和(92.98±14.53)%。性成熟期(Ⅳ～Ⅵ期)，个体的胴长和体重分别为 97mm±8mm 和 27.9g±8.1g，缠卵腺长和性腺组织总重量分别为 31mm±7mm 和 1.7g±1.5g；性腺指数和缠卵腺指数分别为(3.09±2.11)%和(116.52±19.77)%。

**表 5-1　南海鸢乌贼中型群雌性个体生物学指标和性腺发育指标**

| 群体 | 性成熟期 | | 胴长/mm | 体重/g | 缠卵腺长/mm | 缠卵腺重/g | 输卵管重/g | 卵巢重/g | 性腺指数/% | 缠卵腺指数/% |
|---|---|---|---|---|---|---|---|---|---|---|
| 中型群 | III | 均值±方差 | 145±4 | 133.4±8.6 | 35±7 | 0.43±0.28 | 0.09±0.05 | 1.51±0.78 | 1.55±1.11 | 23.76±4.62 |
| | | 范围 | 140～150 | 127.0～148.0 | 26～45 | 0.21～0.90 | 0.06～0.18 | 0.93～2.84 | 0.97～3.07 | 18.57～30.82 |
| | Ⅳ | 均值±方差 | 159±9 | 180.2±15.8 | 51±6 | 1.71±0.49 | 0.32±0.22 | 3.76±0.35 | 3.32±0.30 | 31.97±4.67 |
| | | 范围 | 150～169 | 166.0～205.0 | 45～60 | 0.91～2.13 | 0.12～0.70 | 3.23～4.17 | 2.97～3.68 | 28.31～40.00 |
| | Ⅴ | 均值±方差 | 153±6 | 153.1±10.1 | 59±9 | 3.06±0.97 | 2.20±0.88 | 5.59±0.61 | 7.63±0.95 | 38.75±4.99 |
| | | 范围 | 143～161 | 139.4～168.0 | 47～70 | 2.25～4.63 | 1.23～3.50 | 4.70～6.30 | 6.65～9.21 | 32.87～46.05 |
| | Ⅵ | 均值±方差 | 181±11 | 259.1±46.2 | 77±6 | 7.07±1.63 | 5.07±1.87 | 12.84±3.27 | 10.86±1.86 | 42.75±4.36 |
| | | 范围 | 165～196 | 207.5～356.5 | 68～85 | 3.99～9.70 | 3.91～9.60 | 8.07～18.30 | 7.57～13.19 | 38.20～51.52 |
| | 总体 | 均值±方差 | 163±17 | 193.7±60.0 | 59±18 | 3.70±2.93 | 2.42±2.48 | 7.02±5.07 | 6.63±4.02 | 35.64±8.63 |
| | | 范围 | 140～196 | 127.0～356.5 | 26～85 | 0.21～9.70 | 0.06～9.60 | 0.93～18.30 | 0.97～13.19 | 18.57～51.52 |
| 微型群 | III | 均值±方差 | 92±4 | 24.3±1.7 | 22±3 | 0.14±0.01 | 0.02±0.01 | 0.25±0.02 | 1.03±0.14 | 92.98±14.53 |
| | | 范围 | 86～95 | 21.9～26.0 | 18～26 | 0.13～0.16 | 0.01～0.02 | 0.22～0.26 | 0.90～1.22 | 72.66～105.77 |
| | Ⅳ | 均值±方差 | 91±5 | 22.8±3.1 | 23±3 | 0.19±0.05 | 0.05±0.02 | 0.32±0.10 | 1.40±0.30 | 104.32±9.54 |
| | | 范围 | 82～98 | 19.0～26.7 | 20～28 | 0.12～0.26 | 0.02～0.07 | 0.22～0.50 | 1.02～1.91 | 96.28～122.11 |
| | Ⅴ | 均值±方差 | 96±5 | 25.3±2.7 | 31±10 | 0.40±0.15 | 0.15±0.05 | 0.62±0.15 | 2.53±0.62 | 127.67±20.58 |
| | | 范围 | 88～102 | 21.0～29.2 | 0～37 | 0.00～0.50 | 0.05～0.20 | 0.38～0.81 | 1.49～3.35 | 101.62～165.85 |
| | Ⅵ | 均值±方差 | 108±5 | 40.3±8.0 | 41±4 | 1.07±0.42 | 0.54±0.14 | 2.52±1.03 | 6.45±1.87 | 106.68±11.42 |
| | | 范围 | 101～114 | 31.0～53.0 | 35～45 | 0.51～1.68 | 0.36～0.73 | 1.07～3.85 | 3.56～8.33 | 87.68～116.33 |
| | 总体 | 均值±方差 | 97±8 | 27.4±7.6 | 30±8 | 0.44±0.39 | 0.18±0.19 | 0.86±0.94 | 2.79±2.08 | 113.16±20.81 |
| | | 范围 | 82～114 | 19.0～53.0 | 18～45 | 0.12～1.68 | 0.01～0.73 | 0.22～3.85 | 0.90～8.33 | 72.66～165.85 |

分析表明，中型群雌性个体的生物学指标及性腺指数和缠卵腺指数从生理性发育期至成熟期均增长显著（协方差分析：胴长，*F*=7.33，*P*=0.02；体重，*F*=6.26，*P*=0.02；缠卵腺长，*F*=17.43，*P*<0.01；缠卵腺重，*F*=8.42，*P*=0.01；输卵管重，*F*=5.23，*P*=0.04；卵巢重，*F*=7.81，*P*=0.01；性腺指数，*F*=12.56，*P*<0.01；缠卵腺指数，*F*=17.34，*P*<0.01）。然而，这些生物学指标和指数在性成熟期存在不同的变化趋势。其中，胴长和体重在生理性成熟期（Ⅳ～Ⅴ期）变化平缓，在功能性成熟期（Ⅵ期）则增长迅速；缠卵腺长、缠卵腺重、输卵管重、卵巢重以及性腺指数和缠卵腺指数等则持续增长。微型群雌性个体生物学指标和指数在生理性发育期与成熟期之间并不存在显著性差异（协方差分析：胴长，*F*=1.14，*P*=0.30；体重，*F*=0.54，*P*=0.47；缠卵腺长，*F*=4.21，*P*=0.05；缠卵腺重，*F*=2.45，*P*=0.14；输卵管重，*F*=2.45，*P*=0.13；卵巢重，*F*=1.43，*P*=0.25；性腺指数，*F*=2.57，*P*=0.13；缠卵腺指数，*F*=3.53，*P*=0.09）。

### 5.1.2 潜在繁殖力、相对繁殖力和潜在繁殖力投入指数

中型群雌性个体繁殖力指标见表 5-2。生理性发育期（Ⅲ期）潜在繁殖力和相对繁殖力分别为（13701±15055）cell 和（101.47±114）cell/g；成熟期潜在繁殖力和相对繁殖力分别为（101359±60246）cell 和（454.52±194.15）cell/g。潜在繁殖力中卵母细胞占比最多，由生理性发育期（Ⅲ期）的 100%降低至功能性成熟期（Ⅵ期）的（85±10）%；输卵管卵子在性成熟期内占比存在波动，在Ⅴ期达到最大。分析表明，从生理性发育期至成熟期的潜在繁殖力和相对繁殖力增长显著（协方差分析：潜在繁殖力，*F*=7.45，*P*=0.01；相对繁殖力，*F*=10.83，*P*<0.01）。在性成熟期内，潜在繁殖力、相对繁殖力和潜在繁殖力投入指数随着性成熟度的增加而增长显著，且均在Ⅵ期达到最大。

表 5-2 不同性成熟度南海鸢乌贼中型群雌性个体繁殖力指标

| 群体 | 性成熟期 | | 潜在繁殖力/cell | 卵巢卵母细胞占比/% | 输卵管卵子占比/% | 相对繁殖力/(cell/g) | 潜在繁殖力投入指数 |
|---|---|---|---|---|---|---|---|
| 中型群 | Ⅲ | 均值±方差 | 13701±15055 | 100 | — | 101.47±114 | — |
| | | 范围 | 1076～38351 | 100 | — | 8.47～291.42 | — |
| | Ⅳ | 均值±方差 | 41706±10369 | 96±2 | 4±2 | 231.78±57.60 | 0.04±0.01 |
| | | 范围 | 25808～54284 | 92～98 | 2～8 | 154.73～296.63 | 0.03～0.06 |
| | Ⅴ | 均值±方差 | 58023±15150 | 79±11 | 21±11 | 375.96±76.35 | 0.07±0.01 |
| | | 范围 | 46106～83968 | 63～89 | 11～37 | 303.33～499.81 | 0.06～0.09 |
| | Ⅵ | 均值±方差 | 160209±31864 | 82±6 | 18±6 | 626.69±118.44 | 0.12±0.03 |
| | | 范围 | 120644～220332 | 70～89 | 11～30 | 439.42～789.72 | 0.08～0.17 |
| | 总体 | 均值±方差 | 82904±64733 | 88±10 | 12±10 | 380.19±230.72 | 0.08±0.04 |
| | | 范围 | 1076～220332 | 63～100 | 0～37 | 8.47～789.72 | 0.03～0.17 |
| 微型群 | Ⅲ | 均值±方差 | 1348±96 | 100 | — | 56.02±7.35 | — |
| | | 范围 | 1218～1449 | 100 | — | 48.93～66.16 | — |

续表

| 群体 | 性成熟期 | | 潜在繁殖力/cell | 卵巢卵母细胞占比/% | 输卵管卵子占比/% | 相对繁殖力/(cell/g) | 潜在繁殖力投入指数 |
|---|---|---|---|---|---|---|---|
| 微型群 | Ⅳ | 均值±方差 | 2224±681 | 89±5 | 11±5 | 96.23±19.84 | 0.03±0.02 |
| | | 范围 | 1405～3005 | 84～96 | 4～16 | 63.87～115.81 | 0.005～0.05 |
| | Ⅴ | 均值±方差 | 3709±955 | 84±4 | 16±4 | 145.92±31.18 | 0.04±0.02 |
| | | 范围 | 2227～5480 | 78～91 | 9～22 | 106.05～214.07 | 0.02～0.07 |
| | Ⅵ | 均值±方差 | 21919±9004 | 87±6 | 13±6 | 535.11±189.06 | 0.13±0.053 |
| | | 范围 | 11517～32843 | 80～93 | 7～20 | 371.51～842.12 | 0.07～0.21 |
| | 总体 | 均值±方差 | 6487±8527 | 88±7 | 12±7 | 195.38±188.35 | 0.06±0.05 |
| | | 范围 | 1218～32843 | 78～100 | 0～22 | 48.93～842.12 | 0.005～0.21 |

相较于中型群，微型群的繁殖力指标均较小(表 5-2)。微型群雌性个体的潜在繁殖力为 1218～32843cell，平均值为(6487±8527)cell；相对繁殖力为 48.93～842.12cell/g，平均值为(195.38±188.35)cell/g(表 5-2)。随着性腺发育，个体的潜在繁殖力和相对繁殖力均增加显著(PF，协方差分析：$F$=20.172，$P$<0.01；RF，协方差分析：$F$=21.77，$P$<0.01)。个体的潜在繁殖力在Ⅵ期达到最大值，为(21919±9004)cell(表 5-2)。其中，随着性腺发育，卵巢卵母细胞数量增加显著(协方差分析：$F$=16.09，$P$<0.01)，在Ⅵ期达到最值，为(19629±9045)cell，占潜在繁殖力的(87.41±5.64)%。Ⅳ～Ⅵ期的输卵管成熟卵子数为 113～2904cell，占潜在繁殖力的 4.09%～22.33%；并且，性成熟期后期输卵管载卵量增加迅速(协方差分析：$F$=98.43，$P$<0.01)。个体的相对繁殖力在生理发育期(Ⅲ期)为 48.93～66.16cell/g，均值为(56.02±7.35)cell/g。性成熟期(Ⅳ～Ⅵ期)为 63.87～842.12cell/g，均值为(218.60±193.91)cell/g，在Ⅴ～Ⅵ期相对繁殖力增加显著(Tukey HSD：$P$=1.00)。微型群雌性个体的潜在繁殖力投入指数见表 5-2，性成熟期(Ⅳ期)为 0.005～0.05，均值为 0.03±0.02。随着性腺发育，个体的潜在繁殖力投入指数也随之增加(协方差分析：$F$=29.63，$P$<0.05)。根据检验，潜在繁殖力投入指数在Ⅳ～Ⅴ期不存在显著性差异(Tukey HSD：$P$=0.17)，之后增加迅速(Tukey HSD：Ⅵ期为 $P$<0.05)。

### 5.1.3　繁殖力指标与生物学指标关系

中型群雌性个体的潜在繁殖力、相对繁殖力和潜在繁殖力投入指数均随着个体体型增大而增长，并均与缠卵腺长存在显著的相关性。三者与胴长、体重、缠卵腺长之间的最佳拟合函数均为幂函数(表 5-3)，最佳函数表达式如下。

潜在繁殖力-胴长：$y = 1.95\times10^{-8}x^{5.688}$，$R^2 = 0.749$，$P$<0.01。

潜在繁殖力-体重：$y = 12.06x^{1.675}$，$R^2 = 0.633$，$P$<0.01。

潜在繁殖力-缠卵腺长：$y = 0.007x^{3.899}$，$R^2 = 0.868$，$P$<0.01。

相对繁殖力-胴长：$y = 1.61\times10^{-6}x^{3.778}$，$R^2 = 0.502$，$P$<0.01。

相对繁殖力-体重：$y =1.061x^{1.119}$，$R^2 = 0.395$，$P$<0.05。

相对繁殖力-缠卵腺长：$y = 0.32x^{1.730}$，$R^2 = 0.710$，$P$<0.01。

潜在繁殖力投入指数-胴长：$y = 4.38 \times 10^{-7} x^{2.355}$，$R^2 = 0.193$，$P>0.05$。

潜在繁殖力投入指数-体重：$y = 2.72 \times 10^{-5} x^{0.643}$，$R^2 = 0.193$，$P>0.05$。

潜在繁殖力投入指数-缠卵腺长：$y = 3.21 \times 10^{-5} x^{1.865}$，$R^2 = 0.644$，$P<0.01$。

**表 5-3 南海鸢乌贼中型群雌性个体繁殖力指标与生物学指标之间不同拟合函数的 AIC 值**

| 繁殖力指标 | 生物学指标 | AIC 值 | | | |
|---|---|---|---|---|---|
| | | 线性 | 对数 | 幂 | 指数 |
| 潜在繁殖力/cell | ML/mm | 396.63* | 393.97* | −37.86* | −35.68* |
| | BW/g | 390.19* | 390.65* | −41.21* | −41.12* |
| | NGL/mm | 396.27* | 396.64* | −42.27* | −42.04* |
| 相对繁殖力/(cell/g) | ML/mm | 192.30* | 191.76* | −1.93* | −1.142* |
| | BW/g | 197.53* | 194.64* | −0.92* | 1.57* |
| | NGL/mm | 182.20* | 182.43* | −23.03* | −13.32* |
| 潜在繁殖力投入指数 | ML/mm | −129.05 | −129.21 | −33.11 | −33.04 |
| | BW/g | −128.35 | −129.13 | −33.10 | −32.63 |
| | NGL/mm | −137.24* | −140.07* | −48.68* | −47.97* |

注：*表示差异显著。

同时，通过比较繁殖力指标与生物学指标回归关系的拟合相关系数发现，繁殖力指标与缠卵腺长的相关系数最大，与胴长的相关系数次之，与体重的相关系数最小。此外，在与相同的生物学指标回归关系中，潜在繁殖力与生物学指标的相关系数最大，相对繁殖力次之，潜在繁殖力投入指数最小。

随着个体的生长，微型群雌性个体的潜在繁殖力也逐步增大，与胴长和体重分别呈幂函数和线性函数关系（$PF=8.578e^{-23}ML^{12.926}$，$R^2=0.909$；$PF= 986.1BW-20512$，$R^2=0.775$），表明潜在繁殖力与个体大小呈正相关关系。

在个体的生长过程中，相对繁殖力与个体胴长呈指数函数关系（$RF=0.026e^{0.090ML}$，$R^2=0.770$），与个体体重呈线性相关关系（$RF=19.61BW-341.7$，$R^2=0.629$）。

同时，个体的潜在繁殖力投入指数与胴长和体重的关系式分别符合幂函数和线性函数模型（$PRI=1.983e^{-19}ML^{8.721}$，$R^2=0.609$；$PRI =0.0047BW-0.0749$，$R^2 = 0.609$），表明在个体生长发育过程中，其潜在繁殖力投入指数呈增长趋势。

### 5.1.4 分批繁殖力和产卵批次

在鸢乌贼中型群雌性个体性成熟期的输卵管中，卵子数随着性腺的发育增长显著，平均值为(16713±13525)cell(1115～46711cell)。功能性成熟期Ⅵ期的输卵管饱满度最高，载卵量最大，可作为雌性个体的批次繁殖力，为15086～46711cell，平均值为(28236±10110)cell，占潜在繁殖力的比例为12.45%～29.82%，平均占比为17.65%。因此，鸢乌贼中型群雌性个体的产卵批次为3.35～9.20次，平均产卵批次为(6.19±1.90)次。

根据性成熟后期(Ⅵ期)个体的输卵管载卵量，微型群繁殖产卵批次为 6～15 次，平均为(9.87±4.36)次；批次排卵量为 1895～2904cell，占潜在繁殖力的 6.69%～16.45%，平均占比为 10.13%。

### 5.1.5　卵径大小及其分布

中型群卵巢卵母细胞的卵径为 0.05～1.06mm，平均卵径为(0.29±0.18)mm(图 5-1)；而微型群卵巢卵母细胞的卵径为 0.17～0.99mm，平均值为(0.51±0.14)mm(图 5-2)。随着性腺发育，中型群卵母细胞卵径增加显著($F$=23.30，$P$<0.01)，生理性成熟期(Ⅳ～Ⅴ期)和功能性成熟期(Ⅵ期)之间，卵巢卵母细胞的卵径也存在显著的差异性(协方差分析：$F$=97.40，$P$<0.01)，在功能性成熟期时卵巢卵母细胞平均卵径呈减少趋势(图 5-1)。同样的，不同性成熟度之间，微型群卵巢卵母细胞的卵径也存在显著的差异性(协方差分析：$F$=10.68，$P$<0.01)(图 5-2)。其中，生理性发育期(III期)的卵巢卵母细胞最小(Tukey HSD：$P$<0.05)，卵径为 0.20～0.85mm，平均值为(0.49±0.12)mm；Ⅴ期卵巢卵母细胞最大(Tukey HSD：$P$<0.05)，卵径为 0.23～0.99mm，平均值为(0.54±0.16)mm。

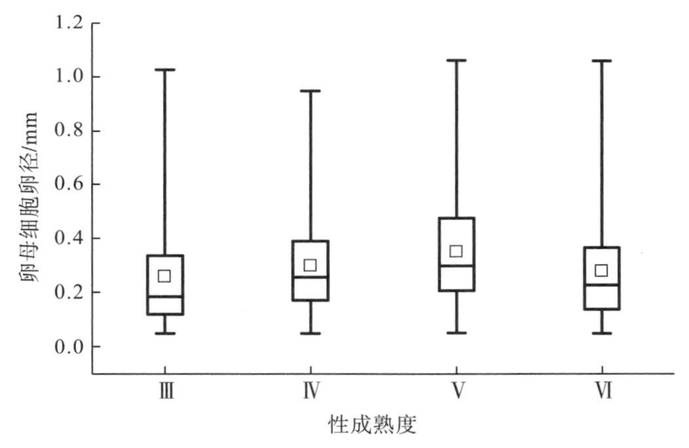


图 5-1　不同性成熟度南海鸢乌贼中型群雌性个体卵巢卵母细胞的卵径

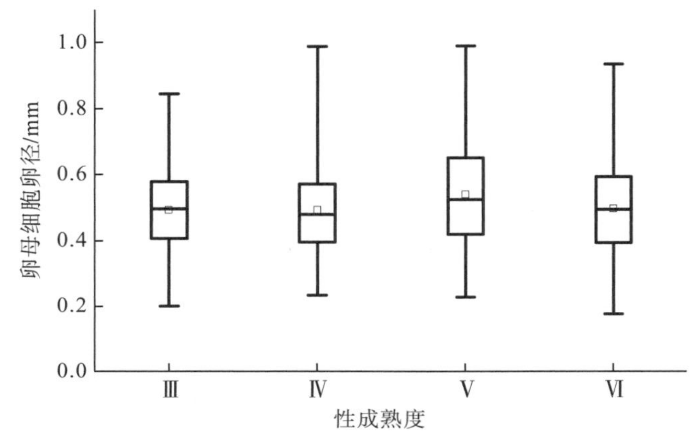


图 5-2　不同性成熟度南海鸢乌贼微型群雌性个体卵巢卵母细胞的卵径

卵巢卵母细胞卵径分布分析显示，两个群体生理性发育期(III期)和性成熟期(IV～VI期)的卵母细胞卵径分布均为单峰值区间分布(图 5-3)。中型群个体，生理性发育期(III期)至生理性成熟后期(V期)，峰值区间呈后移状态，从 0.1～0.15mm 处移至 0.25～0.30mm 处；在功能性成熟期(VI期)，峰值区间则有所回落，为 0.1～0.15mm 处。而微型群个体，III期、IV期的卵母细胞峰值区间均为 0.35～0.60mm，III期峰值区间内的卵母细胞数占比为 76.79%，IV期峰值区间内卵母细胞数占比为 68.05%；V期、VI期的峰值区间均为 0.40～0.75mm，V期峰值区间内卵母细胞数占比为 78.75%，VI期峰值区间内卵母细胞数占比为 63.01%。

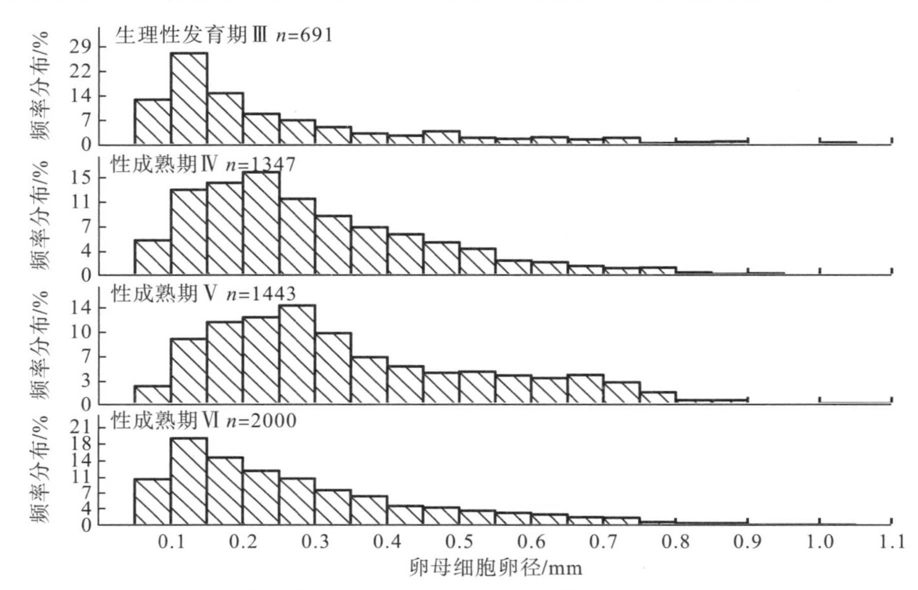


图 5-3 不同性成熟度南海鸢乌贼中型群雌性个体卵母细胞卵径分布

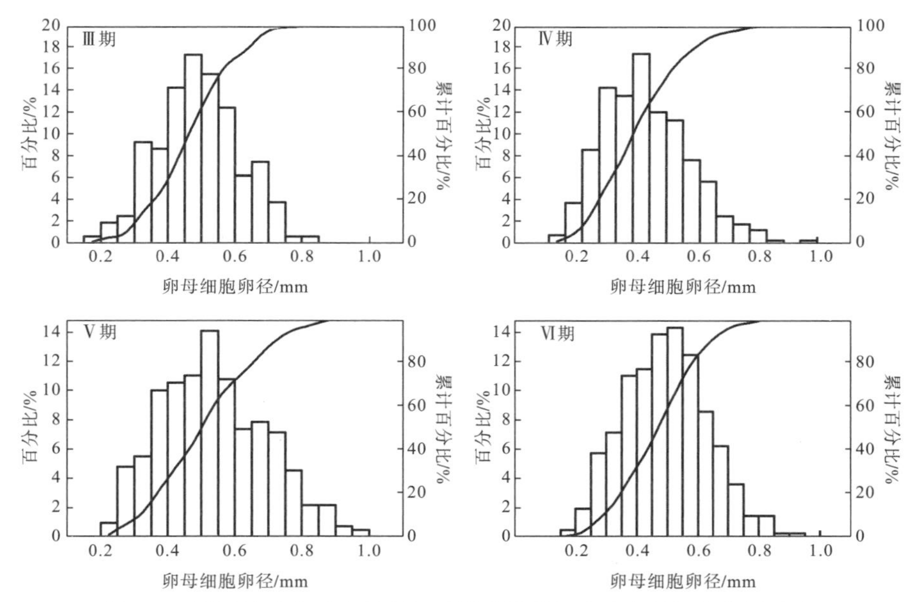


图 5-4 不同性成熟度南海鸢乌贼微型群雌性个体卵母细胞卵径分布

此外，中型群成熟期个体的输卵管中，成熟卵子卵径为 0.59～1.04mm，平均卵径为(0.81±0.08)mm。卵径分布为单峰类型(图 5-4)，峰值区间为 0.70～0.90mm。而微型群输卵管成熟卵子的卵径为 0.50～1.08mm，平均值为(0.68±0.11)mm。协方差分析检验显示，Ⅳ～Ⅵ期每个性成熟期的成熟卵子卵径没有显著性差异($F$=2.879，$P$=0.057)，并且均呈单峰值区间分布，Ⅳ期的峰值区间为 0.60～0.80mm，Ⅴ期和Ⅵ期的峰值区间均为 0.50～0.70mm。

# 5.2　雄性个体的繁殖力特性

性成熟度可划分为Ⅰ～Ⅷ 8 个时期。其中，Ⅰ期、Ⅱ期为发育前期，并无精荚形成；Ⅲ期为生理性发育期，精荚开始产生；Ⅳ～Ⅵ期为性成熟期，精荚在该阶段内积累；Ⅶ期为繁殖期，精荚开始外排；Ⅷ期为衰败期。本节将测定生理性发育期(Ⅲ期)及以上时期样本的精荚囊长度(spermatophoric sac length)、精荚囊重量(spermatophoric sac weight)和精荚总数等 3 项参数。

有效繁殖力(effective fecundity)为精荚复合体中精荚的数量，相对有效繁殖力(relative effective fecundity)为有效繁殖力与胴长的比值。

## 5.2.1　各性成熟度胴长和体重变化

样本的胴长为 114～153mm，体重为 55.2～174.7g，平均胴长为 124mm±7mm，平均体重为 76.9g±14.5g，$n$ = 28。随着性腺的发育，个体的胴长和体重均具有显著性差异(胴长协方差分析：$F$ = 4.24，$P$ < 0.05；体重协方差分析：$F$ = 3.10，$P$ < 0.05)。随着性成熟度的增加，胴长、体重都呈现出先增加后减少的趋势，从发育期到性成熟期，胴长和体重逐步增大，尤其是成熟后期增长更加明显，之后至繁殖期略有下降(表 5-4)。根据 Tukey HSD 检验结果，胴长可分为 2 个组别，Ⅲ～Ⅴ期为一个组别($P$ < 0.05)，Ⅵ期和Ⅶ期为一个组别($P$ < 0.05)；体重可分为 2 个组别，Ⅲ～Ⅴ期为一个组别($P$ < 0.05)，Ⅵ期和Ⅶ期为一个组别($P$ = 0.05)，表明Ⅵ期即性成熟后期为胴长和体重变化的转折点。

表 5-4　南海鸢乌贼中型群雄性不同性成熟度个体的胴长和体重

| 性成熟度 | | ML/mm | | BW/g | |
|---|---|---|---|---|---|
| | | 平均值±标准差 | 范围 | 平均值±标准差 | 范围 |
| 总体($n$=28) | | 124 ± 7 | 114 ～ 153 | 76.9 ± 14.5 | 55.2 ～ 174.7 |
| 生理性发育期Ⅲ($n$=6) | | 119 ± 4 | 114 ～ 123 | 62.4 ± 5.0 | 58.1 ～ 71.0 |
| 性成熟期 | Ⅳ($n$=6) | 120 ± 3 | 116 ～ 123 | 71.7 ± 9.4 | 55.2 ～ 88.0 |
| | Ⅴ($n$=6) | 122 ± 3 | 118 ～ 125 | 73.8 ± 3.7 | 67.0 ～ 78.1 |
| | Ⅵ($n$=3) | 134 ± 14 | 120 ～ 153 | 108.1 ± 48.3 | 62.0 ～ 114.7 |
| 繁殖期Ⅶ($n$=7) | | 127 ± 3 | 122 ～ 132 | 87.8 ± 11.0 | 73.0 ～ 105.8 |

### 5.2.2 各性成熟度精荚囊的长度和重量变化

随着精荚囊长度的增加，精荚囊重量逐渐增大，精荚囊长度和精荚囊重量符合线性函数 $W_{sc} = 0.020L_{sc}-0.633$ ($R^2 = 0.546$)，其中，$W_{sc}$ 为精荚囊重量，$L_{sc}$ 为精荚囊长(图 5-5)。不同性成熟度个体之间其精荚囊长度和重量均存在显著性差异(精荚囊长度协方差分析：$F= 5.58$，$P < 0.05$；精荚囊重量协方差分析：$F = 8.40$，$P < 0.01$)。精荚囊随着性成熟度的增加而生长，在Ⅲ～Ⅵ期持续发育，在Ⅶ期长度和重量均有所下降(表 5-5)。精荚囊长度在Ⅲ期、Ⅳ期、Ⅴ期增长速度一致(Tukey HSD：$P = 0.22$)，Ⅵ期增长速度最快，而Ⅶ期增速开始降低但不显著(Tukey HSD：$P = 0.17$)。精荚囊重量的增长转折发生较早，其中Ⅲ～Ⅴ期增长速度较为一致(Tukey HSD：$P = 0.99$)，从Ⅴ期开始增长显著(Tukey HSD：$P = 0.06$)，Ⅵ～Ⅶ期逐步降低(Tukey HSD：$P = 0.70$)。

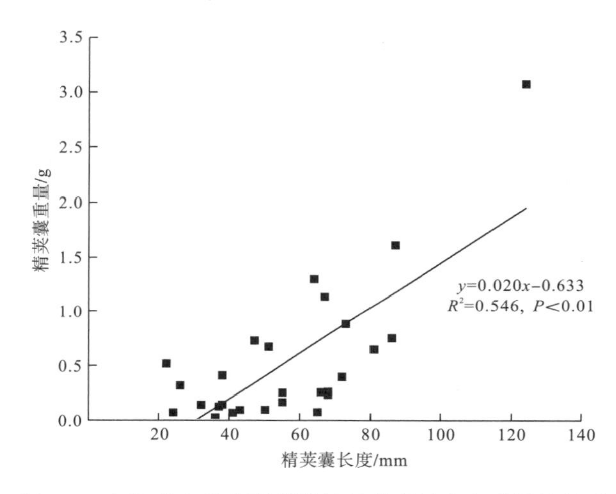


图 5-5 南海鸢乌贼中型群雄性精荚囊长度和重量的关系

**表 5-5 南海鸢乌贼中型群雄性不同性成熟度个体的精荚囊长度和精荚囊重量**

| 性成熟度 | 精荚囊长度/mm | | 精荚囊重量/g | |
|---|---|---|---|---|
| | 平均值±标准差 | 范围 | 平均值±标准差 | 范围 |
| 总体($n$=28) | 57 ± 23 | 22～124 | 0.59 ± 0.69 | 0.03～3.07 |
| Ⅲ($n$=6) | 41 ± 14 | 22～65 | 0.16 ± 0.18 | 0.03～0.52 |
| Ⅳ($n$=6) | 48 ± 15 | 24～68 | 0.16 ± 0.07 | 0.07～0.27 |
| Ⅴ($n$=6) | 49 ± 18 | 26～72 | 0.30 ± 0.09 | 0.14～0.41 |
| Ⅵ($n$=3) | 94 ± 22 | 73～124 | 1.57 ± 1.07 | 0.75～3.07 |
| Ⅶ($n$=7) | 68 ± 14 | 47～87 | 1.02 ± 0.49 | 0.65～1.61 |

同时，胴长和体重越大，精荚囊的长度和重量也越大。精荚囊的长度和重量与胴长、体重均呈线性函数关系(精荚囊长度与胴长：$L_{sc} = 2.052L_m - 196.691$，$R^2 = 0.426$，$P < 0.01$，

其中 $L_{sc}$ 为精荚囊长度，$L_m$ 为胴长；精荚囊长度与体重：$L_{sc} = 0.720W_b - 0.679$，$R^2 = 0.484$，$P < 0.01$，其中 $L_{sc}$ 为精荚囊长度，$W_b$ 为体重。精荚囊重量与胴长：$W_{sc} = 0.078L_m - 9.192$，$R^2 = 0.815$，$P < 0.01$，其中 $W_{sc}$ 为精荚囊重量，$L_m$ 为胴长；精荚囊重量与体重：$W_{sc} = 0.025W_b - 1.433$，$R^2 = 0.766$，$P < 0.01$，其中 $W_{sc}$ 为精荚囊重量，$W_b$ 为体重(图 5-6，图 5-7)。

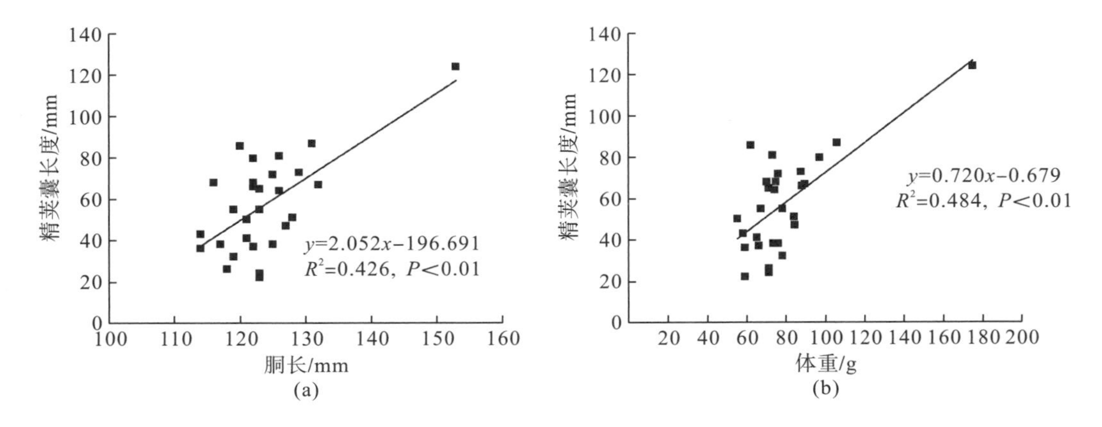


图 5-6　南海鸢乌贼中型群雄性精荚囊长度与胴长、体重的关系

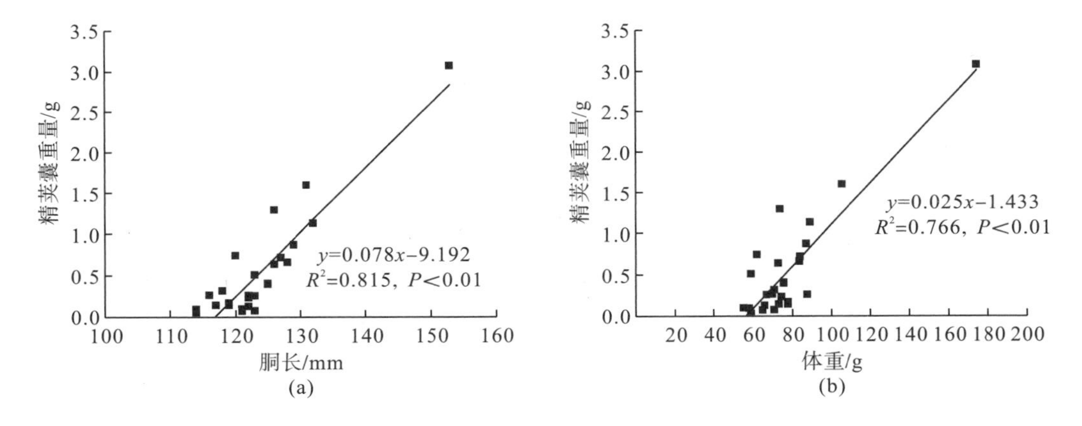


图 5-7　南海鸢乌贼中型群雄性精荚囊重量和胴长、体重的关系

## 5.2.3　各时期有效繁殖力、相对有效繁殖力及其与胴长、体重的关系

中型群雄性个体的有效繁殖力为 1～144 条精荚，均值为(38±41)条精荚，$n = 28$。各性成熟度个体的有效繁殖力之间存在显著性差异(协方差分析：$F = 13.10$，$P < 0.01$)，有效繁殖力自Ⅲ期开始增长，Ⅴ～Ⅵ期增长尤为迅速，而后有效繁殖力有所下降。其中，生理性发育期(Ⅲ期)的有效繁殖力为 1～15 条精荚，均值为 7 条精荚，$n = 6$；Ⅳ期的有效繁殖力为 10～15 条精荚，均值为(11±2)条精荚，$n$=6；Ⅴ期的有效繁殖力为 16～32 条精荚，均值为(21±5)条精荚，$n$=6；Ⅵ期的有效繁殖力为 51～143 条精荚，均值为(90+39)条精荚，$n$=3；繁殖期(Ⅶ期)的有效繁殖力为 39～144 条精荚，均值为(82±37)条精荚，$n = 7$。

随着个体的生长，中型群雄性个体有效繁殖力增长显著，胴长和体重越大，有效繁殖力越大。有效繁殖力与胴长、体重均呈线性函数关系(有效繁殖力与胴长：$y = 3.591x - 405.55$，$R^2 = 0.393$，$P <0.01$；有效繁殖力与体重：$y = 1.294x - 62.811$，$R^2 = 0.471$，$P <0.01$)(图 5-8)。

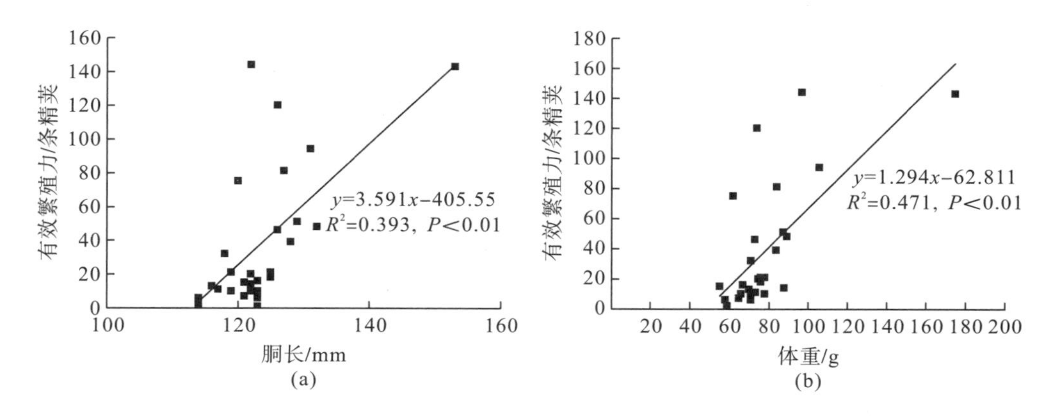


图 5-8 南海鸢乌贼中型群雄性有效繁殖力与胴长、体重的关系

中型群雄性个体的相对有效繁殖力为 0.008～1.18 条精荚/mm，均值为(0.33±0.33)条精荚/mm，$n = 28$。相对有效繁殖力自Ⅲ期开始增长，至Ⅵ期趋于稳定。其中，发育期(Ⅲ期)的相对有效繁殖力为 0.008～0.06 条精荚/mm，平均数为(0.04±0.02)条精荚/mm，$n = 6$；成熟期(Ⅳ～Ⅵ期)为 0.08～0.12 条精荚/mm，平均值为(0.10±0.04)条精荚/mm，$n = 15$；繁殖期(Ⅶ期)为 0.30～1.18 条精荚/mm，均值为(0.65±0.31)条精荚/mm，$n = 7$。不同性成熟度下，各胴长个体的相对有效繁殖力存在显著性差异($\chi^2 = 2699.65$，$P < 0.01$)。随着个体的生长，中型群雄性个体相对有效繁殖力增长显著，胴长和体重越大，相对有效繁殖力越大。相对有效繁殖力与胴长、体重分别呈线性函数和幂函数关系(相对有效繁殖力与胴长：$y = 0.022x - 2.313$，$R^2 = 0.141$，$P < 0.01$；相对有效繁殖力与体重：$y = 4\times10^{-6}x^{2.547}$，$R^2 = 0.278$，$P < 0.01$)(图 5-9)。

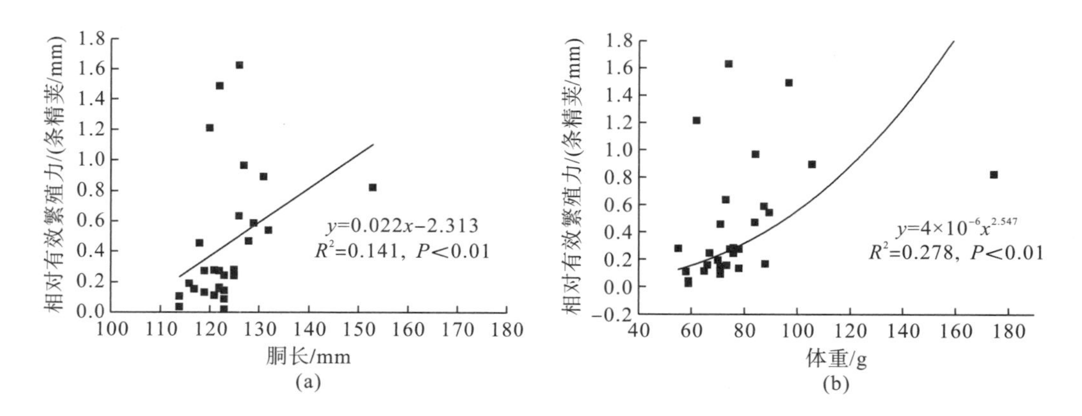


图 5-9 南海鸢乌贼中型群雄性相对有效繁殖力与胴长、体重的关系

### 5.2.4　精荚重量和精荚长度关系

精荚长度为 4.79～36.60mm，平均值为(18.28 ± 4.76)mm；精荚重量为 0.0002～0.0200g，平均值为(0.0060 ± 0.0030)g，$n = 110$。如图 5-10 所示，随着精荚长度的增加，精荚重量逐渐增大，精荚长度和精荚重量呈幂函数关系($y = 0.004x^{1.931}$，$R^2 = 0.683$，$P < 0.01$)。

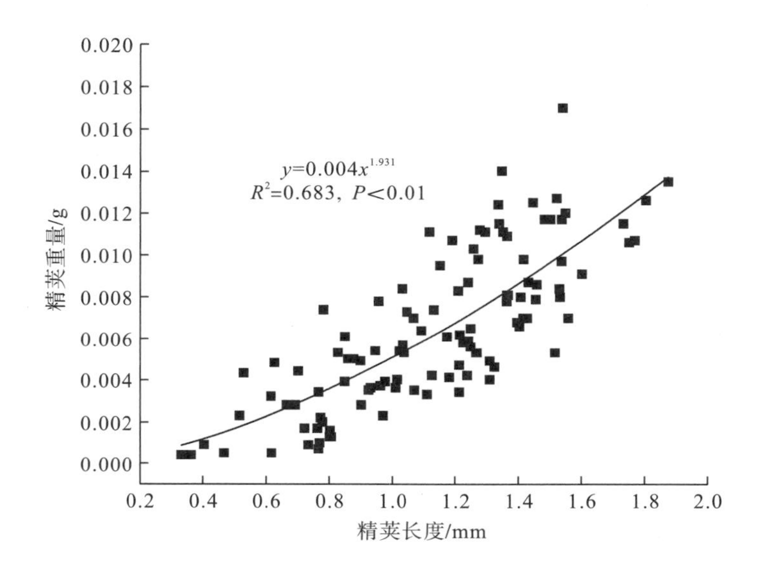


图 5-10　南海鸢乌贼中型群雄性精荚长度和精荚重量的关系

### 5.2.5　各时期精荚长度、精荚重量与胴长、体重关系

各性成熟度的精荚长度之间存在显著的差异性(协方差分析：$F = 85.17$，$P < 0.01$)(表 5-6)，精荚长度在Ⅲ～Ⅴ期持续生长，至Ⅵ期已经达到了成熟精荚的长度，趋于稳定。其中，精荚长度可分为 4 个组别，Ⅲ期为一个组别(Tukey HSD：$P > 0.05$)，Ⅳ期为一个组别(Tukey HSD：$P > 0.05$)，Ⅴ期为一个组别(Tukey HSD：$P > 0.05$)，Ⅵ期和Ⅶ期为一个组别(Tukey HSD：$P > 0.05$)。各性成熟度的精荚重量之间存在显著的差异性(协方差分析：$F = 84.28$，$P < 0.01$)(表 5-6)，精荚重量在Ⅲ～Ⅵ期持续生长，至Ⅵ期达到最大值。其中，精荚重量可分为 4 个组别，Ⅲ期和Ⅳ期为一个组别(Tukey HSD：$P < 0.05$)，Ⅳ期和Ⅴ期为一个组别(Tukey HSD：$P > 0.05$)，Ⅵ期为一个组别(Tukey HSD：$P > 0.05$)，Ⅶ期为一个组别(Tukey HSD：$P > 0.05$)。

表 5-6 南海鸢乌贼中型群雄性不同性成熟度个体的精荚长度和精荚重量

| 性成熟度 | 精荚长度/mm | | 精荚重量/g | |
|---|---|---|---|---|
| | 平均值±标准差 | 范围 | 平均值±标准差 | 范围 |
| 总体($n$=28) | 18.34 ± 4.70 | 4.79～36.60 | 0.006 ± 0.003 | 0.0002～0.020 |
| Ⅲ($n$=6) | 11.62 ± 3.66 | 4.79～23.71 | 0.003 ± 0.002 | 0.0004～0.008 |
| Ⅳ($n$=6) | 14.15 ± 3.30 | 6.35～21.99 | 0.004 ± 0.002 | 0.0002～0.008 |
| Ⅴ($n$=6) | 17.37 ± 1.90 | 13.25～20.39 | 0.004 ± 0.002 | 0.0010～0.009 |
| Ⅵ($n$=3) | 20.07 ± 3.85 | 8.42～27.19 | 0.009 ± 0.002 | 0.0040～0.010 |
| Ⅶ($n$=7) | 20.23 ± 3.83 | 10.17～36.60 | 0.007 ± 0.003 | 0.0010～0.020 |

同时，随着个体的生长，中型群雄性个体精荚长度、重量与胴长、体重之间均呈线性函数关系(精荚长度与胴长：$y = 0.321x - 23.15$，$R^2 = 0.371$，$P < 0.01$；精荚长度与体重：$y = 0.201x + 1.169$，$R^2 = 0.379$，$P < 0.01$。精荚重量与胴长：$y = 2.097\times10^{-4}x - 0.020$，$R^2 = 0.349$，$P < 0.01$；精荚重量与体重：$y = 7.417\times10^{-5}x - 6.013\times10^{-4}$，$R^2 = 0.384$，$P < 0.01$)(图 5-11、图 5-12)，胴长和体重越大，精荚长度和精荚重量越大。

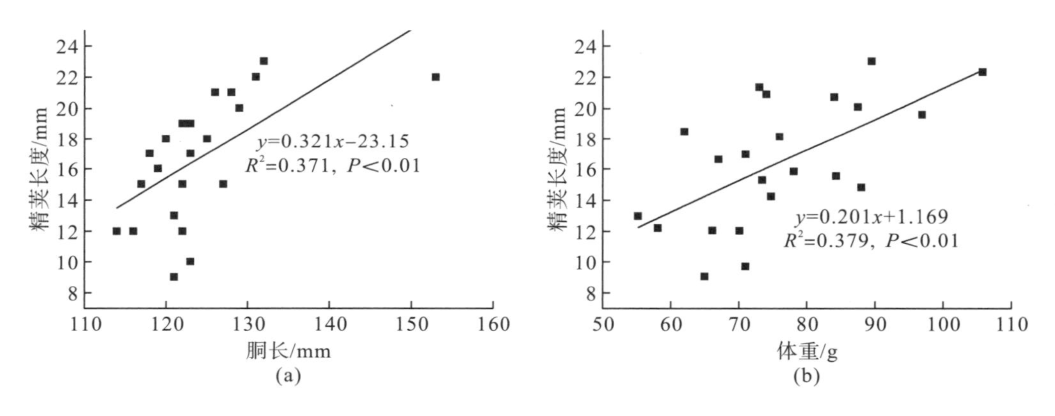


图 5-11 南海鸢乌贼中型群雄性精荚长度与胴长、体重的关系

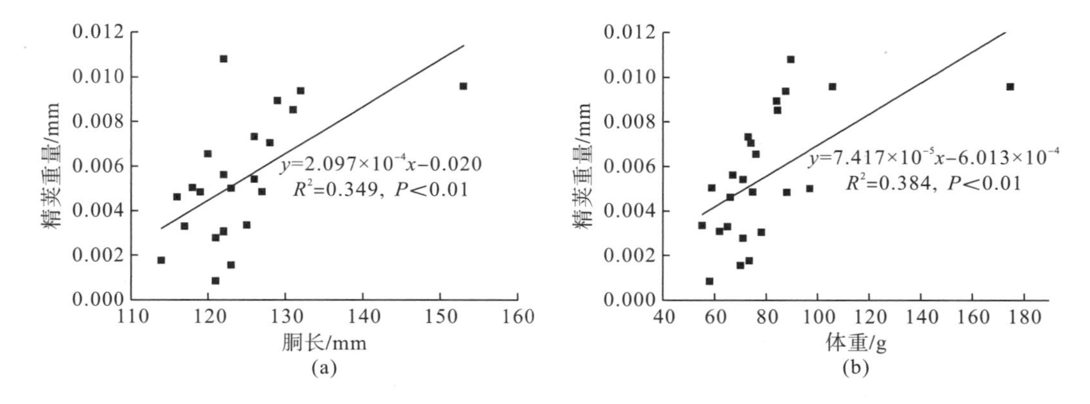


图 5-12 南海鸢乌贼中型群雄性精荚重量与胴长、体重的关系

## 5.3　繁殖特性的分析与探讨

### 5.3.1　鸢乌贼繁殖特性的群体特殊性表达

本书研究发现鸢乌贼中型群雌性个体的潜在繁殖力较大、卵径较小，具有海洋型繁殖策略的特征。首先，中型群雌性个体的最大潜在繁殖力大于 200000cell，远大于近海生活的莱氏拟乌贼(*Sepioteuthis lessoniana*)、曼氏无针乌贼(*Sepiella maindroni*)(张建设等，2011)、乌贼(*Sepia officinalis*)(Laptikhovsky et al.，2002)等其他头足类；其次，其成熟个体卵径为 0.59～1.04mm，与开眼亚目中其他属种相比也较小，与该亚目中太平洋褶柔鱼(*Todarodes pacificus*)(Watanabe et al.，1996)的卵径相近，小于该亚目中茎柔鱼(*Dosidicus gigas*)(Nigmatullin and Markaida，2009)和阿根廷滑柔鱼(*Illex argentinus*)(林东明等，2015)，也小于其他目的属种，诸如福氏枪乌贼(*Loligo forbesi*)(Rocha and Guerra，1996)和曼氏无针乌贼(*Sepiella maindroni*)(Luo et al.，2014)等。这种繁殖策略在诸如印度洋微型群(Chembian，2013)、大型群(Snyder，1998)的研究中均有发现，其中大型群表现出的特征更为明显，卵径虽与其他群体相近，但潜在繁殖力非常大。

本书研究结果表明，微型群雌性个体的最大潜在繁殖力为 32843cell，远小于其他群体的最大潜在繁殖力，而中型群雌性个体的繁殖力大于同一海域的微型群雌性个体而小于印度洋西北海域的大型群个体(Snyder，1998)，这可能是鸢乌贼繁殖的群体特殊性的表现。一方面，相较于微型群和大型群个体，中型群个体的体型为中等，而头足类卵巢和输卵管的大小与性成熟个体的体型相关。通常，头足类(尤其是柔鱼类)的繁殖力与其成熟个体大小密切相关，成熟个体体型越大，其繁殖力也越大(Zuyev et al.，2002)。因此该群体雌性个体的繁殖力较其他群体有所区别。另一方面，繁殖策略对环境压力具有适应性，鸢乌贼的栖息水深、摄食种类等均随体型而变化，因而不同群体可能通过产生不同数量的卵来适应环境压力。比如，日本以及邻近海域中型群的最大潜在繁殖力大于 25 万 cell(Okutani，1978)，大型群的最大潜在繁殖力为 2200 万 cell(Zuyev et al.，2002)。这可能与微型群性成熟个体较小的特性密切相关。因此，若研究海域的鸢乌贼存在多个群体时，其繁殖力分布将具有较大的波动性。例如，南海海域分布有微型群和中型群两个群体，以往研究(粟丽等，2016)发现混合群体的个体繁殖力随着胴长增加波动较为明显，呈现出两个峰值区间分布。其中第一个峰值区间的结果与本书研究结果相近，可推测该峰值区间由小个体(微型群)组成，另一个峰值区间则应该由体型较大的中型群组成。群体间繁殖力的差异性同样在鸢乌贼属的橘背鸢乌贼(*Sthenoteuthis pteropus*)的不同群体间存在(Zuyev et al.，2002)。这种差异可能广泛存在于大洋性头足类中，诸如鸢乌贼、茎柔鱼等种类均存在不同体型大小的群体，这些群体本身的生长特性差异和在生长后期栖息环境的改变导致了其繁殖特性不同。

本书研究发现，南海鸢乌贼微型群雌性个体的潜在繁殖力在不同的性腺发育时期变化较大，这是由于个体的胴长随着性腺的发育而增长显著，而个体的潜在繁殖力与其胴长呈显著的正相关关系，因此潜在繁殖力随体型大小变化。潜在繁殖力还与发育时期相关，卵巢的发育具有阶段性(Boyle and Rodhouse，2005)，在发育后期增长显著，相应的繁殖力增长也较为明显。该结果与印度洋西北海域的鸢乌贼繁殖力研究结果类似(Chembian，2013)，也与其他大洋性头足类相一致(Laptikhovsky et al.，2002)。中型群雌性个体繁殖力特征与生物学指标相关，这可能与鸢乌贼个体生长过程中的性腺发育状况有关。虽然鸢乌贼的卵母细胞为一次生成(Zuyev et al.，2002)，但卵巢在性成熟前期发育较缓慢，在性成熟后期则发育迅速。由此，卵巢中的卵母细胞在生理性发育期因发育程度较低、卵径较小而无法被准确识别。这种现象不仅存在于其他鸢乌贼群体诸如大型群(Snyder，1998)中，而且普遍存在于其他头足类，诸如橘背鸢乌贼和阿根廷滑柔鱼中。但繁殖力特征与胴长、体重的相关性低于与缠卵腺长的相关性，这与鸢乌贼不同发育时期的繁殖能量投入策略相关，在性腺发育后期相对较大的繁殖能量投入使卵巢、输卵管和缠卵腺组织的发育速度较快，而此时胴体等肌肉组织的发育相对滞后，因而缠卵腺长和繁殖力特性具有较高的相关性。此外，本书研究发现南海鸢乌贼微型群雌性个体输卵管中的成熟卵子数目与其胴长和体重也具有一定的正相关关系。该结果与印度洋西北海域鸢乌贼的研究一致(Chembian，2013)，但是与夏威夷海域的鸢乌贼群体的研究结果(Harman et al.，1989)有所差异，并且与其他大洋性种类诸如茎柔鱼(Nigmatullin et al.，2009)以及产卵批次较小的阿根廷滑柔鱼(林东明等，2015)的研究结果也有所不同。理论上，头足类输卵管中的成熟卵子数量是随机的且与其繁殖产卵策略密切相关(Gonzalez and Guerra，1996)，如以往的研究也显示批次产卵种类输卵管中的卵子数目与胴长没有显著相关性(Harman et al.，1989)。本书研究的结果可能说明鸢乌贼微型群的输卵管成熟卵子积累具有一定的属种特殊性和(或者)海域特异性，但是值得注意的是，本书研究的样本均处于产卵前阶段，并且鸢乌贼个体性腺成熟后仍保持肌肉组织持续增长的生活史特性，这些特性也可能是引起输卵管成熟卵子数目与其个体大小呈正相关关系的原因之一，具体原因仍需后续深入的研究加以确证。

这种现象不仅存在于群体间，还存在于不同生长环境下的同一群体间。头足类具有灵活的生活史特性以适应多变的海洋环境，进化出了多种环境适应性的繁殖策略，其繁殖模式可由繁殖力和卵子大小等进行定义。通过对比南海与印度洋西北海域鸢乌贼雌性个体(Snyder，1998)的繁殖力发现，南海鸢乌贼雌性个体的繁殖力较小，该现象也可能与海域间个体大小和栖息环境有关。南海海域的中型群个体体型较小，外海海域的营养也较为匮乏(李小斌等，2006)，这是因为头足类对栖息环境具有高度的适应性，而南海作为一个半封闭性海域，其在食物丰度、叶绿素浓度、温度等方面均与印度洋西北海域差异明显。然而，与其他头足类相比，南海鸢乌贼的潜在繁殖力是相对可观的，大于近岸生活的大部分头足类诸如莱氏拟乌贼(*Sepioteuthis lessoniana*)(Sivashanthini et al.，2010)等。

### 5.3.2 鸢乌贼产卵策略

头足类(除鹦鹉螺属)为终生一次繁殖，但是其产卵模式表现出单批次的瞬时终端产卵，或者多批次的间歇性或多次性产卵等。既有研究表明，鸢乌贼的产卵模式为多次产卵，在产卵活动前将成熟卵子暂存于输卵管中，待交配后排出体外(Nigmatullin and Markaida,

2009）。通过比较功能性成熟期（Ⅵ期）个体输卵管成熟卵子数及其卵巢卵母细胞数，发现输卵管无法储存卵巢中全部的卵母细胞，表明中型群雌性个体的产卵方式为分批产卵。鸢乌贼雌性个体的生命周期为一年，其产卵时间可持续约三个月（Snyder，1998），因此其产卵过程并非瞬时完成。在其他海域已有学者对鸢乌贼的分批产卵现象进行了分析，但是不同海域、不同种群雌性个体的分批产卵量不同，其中夏威夷海域（Harman et al.，1989）、日本邻近海域（Zuyev et al.，2002）、印度洋西北海域（大型群）（Snyder，1998）雌性的分批产卵量均远大于南海海域中型群雌性。南海鸢乌贼中型群雌性个体的平均分批产卵量接近30000cell，而已观测到的体型较大的橘背鸢乌贼（Zuyev et al.，2002）排出的每个卵团卵子数少于20000cell，因此鸢乌贼中型群雌性个体可能在一个产卵批次排出更多卵子（Snyder，1998）。卵巢卵母细胞和输卵管成熟卵子的单峰值区间分布模式，也证明了该种类卵巢卵母细胞批次成熟的发育模式。此外，已有研究表明鸢乌贼只会在短暂的交配以及产卵过程中停止摄食，而在产卵间隙会继续摄食以保证能量供应的稳定。这种产卵方式将为鸢乌贼在产卵过程中节省体力、补充能量提供保障。

本书研究基于分析性成熟度Ⅵ期饱满输卵管成熟卵子数目，推算鸢乌贼微型群的产卵批次为 6～15 次。该产卵批次与其他海域群体的相一致，且不受群体的体型大小影响。例如，阿拉伯海域大型群输卵管中成熟卵子数为 30 万 cell，其产卵批次为 6～16 次。这种相一致的产卵批次也进一步证实了鸢乌贼多次产卵的策略选择（Harman et al.，1989）。同时，鸢乌贼的产卵批次数与其他大洋性柔鱼类诸如茎柔鱼（Nigmatullin and Markaida，2009）10～14 次的产卵批次数相当，但大于近海或浅海水层生活柔鱼类如阿根廷滑柔鱼的产卵批次数。这种大洋性种类和近海性种类产卵批次数目的差异，一方面可能是两者之间的产卵策略有别，前者为多次产卵型，后者多为间歇性产卵型；另一方面则可能是大洋性种类为了适应远洋多变环境而做出产卵策略等适应性的进化，并反映了头足类栖息地从近海向远洋的进化适应过程（Laptikhovsky et al.，2002）。

此外，头足类的产卵策略与其繁殖投入密切相关，并且决定着其产卵批次（Lin et al.，2017b）。鸢乌贼的多次产卵策略表现为卵巢卵母细胞异步发育、批次成熟，产卵期间持续摄食，产卵周期持续约 3 个月，一个批次的卵子以多个卵块的形式排出（Chembian，2013），两次产卵事件之间肌肉细胞持续生长等；繁殖投入类型为外源性，即繁殖所需能量来自性腺发育期间和产卵期间的食物摄取。性成熟个体在繁殖期间存在正常的摄食行为是柔鱼科产卵策略的一个重要特征，这种摄食行为可为其配子发生提供持续的、稳定的能量，并增加其繁殖产出，提高繁殖效率（Harman et al.，1989）。因此，本书研究发现鸢乌贼雌性个体的潜在繁殖力投入指数与其个体大小的正相关关系，应该是其外源性繁殖投入策略的一种体现；这种能量投入模式使该种类更灵活地投入繁殖活动，以使其繁殖产出及繁殖效率最大化。

### 5.3.3　雄性个体有效繁殖力特性

一般地，头足类生长快、寿命短，是典型的“机会主义者”，其生活史策略表现出种间或群体间的差异性（Boyle and Rodhouse，2005）。繁殖力是生活史策略的重要组成部分，与种群大小变化及其补充过程密切相关。本书研究表明，我国南海鸢乌贼中型群雄性个体的有效繁殖力随着性腺发育增加显著，在Ⅵ期达到最大值，有效繁殖力为1～144条精荚。然而，其最大有效繁殖力远低于同一科（柔鱼科）其他属种的最大有效繁殖力，如滑柔鱼属科氏滑柔鱼（*Illex coindetii*）的最大有效繁殖力达1555条精荚（Gonzalez and Guerra，1996），滑柔鱼属阿根廷滑柔鱼的最大有效繁殖力为1049条精荚（宣思鹏等，2018）等。这可能与这些属种不同的繁殖生活史策略密切相关。鸢乌贼在繁殖期间进行多次交配产卵，并且交配产卵时持续摄食以保持体细胞生长，这样精荚的组装及其存储可能是一个持续的过程，而本实验样本的结果可能仅代表了某一个繁殖阶段的有效繁殖力。相反，科氏滑柔鱼和阿根廷滑柔鱼虽然是间歇性产卵者，但是繁殖开始便逐渐停止摄食和体细胞的生长，这些属种的有效繁殖力则可能一次性生成并存储于精荚囊中。这种差异性的具体原因仍需今后进行深入的比较研究，尤其需要加强繁殖产卵个体样本的搜集以比较差异性。

同时，头足类的生长特性等还在不同海域间存在差异。本书中南海鸢乌贼中型群个体的分批繁殖力（Ⅵ期有效繁殖力）平均值为90条精荚。该有效繁殖力小于印度洋西北海域鸢乌贼的200～300条精荚（Nigmatullin et al.，1995），表明不同海域的鸢乌贼雄性个体的分批繁殖力存在差异，这可能与个体所处环境和体型大小等因素相关。首先，头足类的繁殖力与环境因素具有相关性（Nigmatullin and Laptikhovsky，1994），不同海域的鸢乌贼个体繁殖力可能在生存环境改变时存在适应性变化。其次，在鸢乌贼雌性个体繁殖力的研究中发现，潜在繁殖力的大小取决于成年雌性的体型，与之类似，不同群体雄性的精荚囊单次装载的精荚数量也与体型大小密切相关，南海鸢乌贼中型群雄性个体平均胴长为（124±7）mm，而印度洋西北海域中型群雄性个体平均胴长为（140±21）mm（Chembian and Mathew，2014），虽然同为中型群个体，但体型较小者携带的精荚数量可能更少。

鱼类的繁殖力与体长等特征相关，且通常呈正相关关系，如日本带鱼（*Trichiurus japonicus*）、凤鲚（*Coilia mystus*）的绝对繁殖力和相对繁殖力都随着鱼体体长、体重和年龄的增加而增大。鱼类的生长变化会影响生殖细胞的发育，繁殖力也随之而改变。本书研究表明，随着鸢乌贼体型的增大，中型群雄性有效繁殖力和相对有效繁殖力增加显著，繁殖力的变化范围也增大。鸢乌贼生殖系统的生长特性决定了其有效繁殖力虽然与体征相关，但仍有较大的变化。在其他种类的头足类中也发现类似规律，如阿根廷滑柔鱼（宣思鹏等，2018）。该结果与鸢乌贼的产卵策略息息相关。头足类的体型生长在性腺发育早期较为迅速，在后期会变缓，但此时的性腺组织仍处于快速生长状态。鸢乌贼雌性个体的生殖细胞在两次排卵事件之间会再次发育（Nigmatullin and Laptikhovsky，1994），导致性成熟后期性腺的重量变动较大，与胴长之间的关系也出现更多的波动。而在雄性个体的繁殖期，随着部分精荚的排出，有效繁殖力的变化更加显著。

### 5.3.4 雄性个体精荚囊长度和精荚的长度

头足类精荚囊的主要作用为在交配前作为精荚储存的场所，精荚囊的囊腔结构及其大小，不同属种之间存在一定的差异。此外，不同种类的精荚囊单次装载的精荚数、精荚的排列方式均有所不同，而精荚是头足类雄性个体储存精细胞的结构，在交配后输入雌性的纳精囊或者体腔。本书研究显示，南海鸢乌贼中型群雄性个体的精荚囊长度平均约为胴长的 46%，精荚长度约为胴长的 15%。结果与柔鱼科其他属种如橘背鸢乌贼、阿根廷滑柔鱼等的相一致（Nigmatullin et al.，2003），表明这些种类的配子大小具有一定的趋同性。

以往研究发现，精荚囊具有完善精荚结构的功能，随着个体生长和性腺的进一步发育成熟，精荚囊内的精荚结构相应地得到完善，长度也延长。本书研究显示，精荚囊长度、精荚的长度和重量均与个体性成熟度、胴长和体重显著相关，并且精荚囊长度、精荚长度均随着个体生长发育逐渐增加，分别在Ⅵ期和Ⅶ期达到最大长度，此时分别约为胴长的 70%和 16%。结果与柔鱼和橘背鸢乌贼（Zuyev et al.，2002）相一致，精荚长度与个体胴长呈正相关关系。这表明在生长发育过程中，头足类雄性个体的精荚囊和精荚均处于生长状态。

本书研究还表明，精荚长度和重量与胴长、体重均呈线性关系，该结论与柔鱼、橘背鸢乌贼等柔鱼科物种的研究结果相同（Zuyev et al.，2002），但同时也存在表达式斜率等系数上的差异。表明柔鱼科物种雄性个体胴长、精荚长度和精荚重量之间的关系具有属种特异性。同时，几内亚湾海域的鸢乌贼中型群和微型群个体的精荚长度和重量与体征之间也具有差异性，说明同种不同群体的精荚大小与体征间存在特异性表达。

## 5.4　小　结

南海鸢乌贼雌性个体具有较大的潜在繁殖力，且与个体大小密切相关。同时，该种类的卵巢卵母细胞表现为批次发育成熟、分批次产卵，产卵活动由多个排卵事件构成，潜在繁殖力投入指数随着个体生长发育呈增长趋势。这些繁殖力特性进一步说明了鸢乌贼对多次产卵策略的选择适应性，以使其繁殖产出及繁殖效率最大化，并且这种繁殖力特性也可能是其对栖息环境的一种选择适应性。但是，具体繁殖力特性的选择适应性仍需深入研究，尤其需要开展长时间序列繁殖力特征与其栖息环境的比较分析。

南海鸢乌贼中型群雄性个体的有效繁殖力、相对有效繁殖力、精荚囊长度、精荚囊重量、精荚长度和精荚重量均与性腺发育程度、胴长和体重因素显著相关，表明在性腺发育过程中，雄性个体精荚囊中的精荚不仅数量增多，而且精荚的重量和长度均有所增加，相对有效繁殖力的变化体现出在排出前单个精荚的繁殖投入逐步增加，精荚在精荚囊中逐步汇集、发育成熟。繁殖期个体精荚囊中剩余的精荚表明，中型群雄性个体单次储存的精荚可以满足一次或多次的交配活动，同时，单次排精并不能把繁殖过程产生的所有精子排空，因此其排精活动与雌性个体类似，为分批次进行。今后可以在性腺切片和电镜技术的基础上开展相关研究，为深入认识南海鸢乌贼不同群体的资源变动提供参考。

# 第6章　南海鸢乌贼能量分配、繁殖投入及溯源

鸢乌贼广泛分布于太平洋、印度洋的热带和亚热带水域。鸢乌贼在海洋食物网碳循环中起着至关重要的作用，它们以中型浮游动物和小型鱼类为食，同时也是大型头足类、鱼类和海鸟等多种海洋捕食者的猎物。头足类生长速率快，寿命相对较短，繁殖是其生活史的关键阶段，一定程度上影响着其有限的能量积累在生长、繁殖以及运动等生命活动的分配投入。一般地，头足类的繁殖投入方式可以分为外源性投入和内源性投入，倾向于外源性投入方式种类的能量主要来自即时的食物摄取，如澳洲双柔鱼、阿根廷滑柔鱼；倾向于内源性投入方式种类的能量主要来自性腺以外其他身体组织所储存的能量，如强壮桑椹乌贼。肌肉组织是头足类能量积累的最大器官，研究生活史过程中的肌肉组织和性腺组织的能量分配模式，有助于掌握这些种类的繁殖投入方式。同时，头足类消耗蛋白质或者脂肪酸分解所提供的能量，能量的储存器官主要为肌肉和消化腺。头足类在较短的生活史中必须平衡基本的生命活动与繁殖活动所消耗的能量。在性腺发育中后期，头足类投入到繁殖活动中的能量较大，此时的能量投入如何分配、能量投入类型是否改变均是头足类繁殖策略研究关注的问题。

因此，本章通过测定南海鸢乌贼个体肌肉和性腺组织的能量密度，分析其肌肉和性腺组织的能量积累情况，初步探讨分析性腺发育过程中肌肉和性腺组织能量积累的变化过程，以深入了解它们的繁殖策略；同时，通过对南海鸢乌贼不同组织的质量体征以及碳、氮稳定同位素进行测定，对胴体、足腕和尾鳍等肌肉组织与性腺组织的能量与胴长的残差进行定量，分析性腺发育过程中各组织的营养生态位的变动，明确其繁殖投入类型，并探讨该物种繁殖策略的群体特殊性，为南海鸢乌贼生物学研究以及资源的合理利用提供基础。

## 6.1　组织能量密度测定及其分布

鸢乌贼组织能量密度测定的组织样品包括胴体、尾鳍、足腕、卵巢、输卵管、缠卵腺、精巢和精荚复合体等，每尾样本每个组织样品独立测定分析。在测定分析前，独立采集每尾样本的胴体、足腕、尾鳍和性腺组织等组织样品，其中胴体组织采自腹部，约5g湿样；足腕组织采自左第4腕足，约5g湿样；对性腺组织进行整体采集。每个组织样品称量湿重(wet weight，WW)后，置入冷冻干燥机进行-50℃的冷冻干燥；称量组织样品干燥后的干重(dry weight，DW)，置入研磨机研磨粉碎。随后，称取一定量的组织干粉，在Parr6100型氧弹热量仪中测定其组织能量密度(energy density，ED)。其中，中型群雌性因Ⅰ～Ⅲ期个体的性腺组织较小，将其缠卵腺或卵巢组织混合后进行测定，每个时期测定四次，对Ⅳ～Ⅵ期每个个体的缠卵腺或卵巢组织单独测定，Ⅰ～Ⅵ期测定数量分别为4个、4个、

4个、13个、8个和6个。由于输卵管复合体组织发育较晚，所以只取Ⅳ期及以上时期的整个组织并测定每个样本，Ⅳ～Ⅵ期测定数量分别为13个、8个和6个。微型群肌肉组织的能量密度均为单独测定，性腺组织干重较小，故将同一成熟度样本混合后测定。在性腺发育前期，性腺组织较小，因此只测定微型群雌性缠卵腺、输卵管组织Ⅳ～Ⅵ期个体和卵巢组织Ⅲ～Ⅵ期的能量密度；测定雄性精荚复合体Ⅱ～Ⅶ期的能量密度。每个组织样品的湿重和干重测定精确到0.001g，能量密度单位为kJ/g。

### 6.1.1　组织能量密度

鸢乌贼中型群雌性个体的胴体、尾鳍、足腕、缠卵腺、输卵管复合体和卵巢等组织能量密度分别为(22.06±1.24) kJ/g、(22.50±1.25) kJ/g、(22.83±1.13) kJ/g、(21.10±0.80) kJ/g、(24.33±1.41) kJ/g和(21.76±1.32) kJ/g，其中输卵管复合体的组织能量密度最大，缠卵腺的组织能量密度最小($F$=14.99，$P$<0.01)。微型群雌性个体胴体、尾鳍、足腕、缠卵腺、输卵管复合体和卵巢等的组织能量密度分别为(21.53±1.38) kJ/g、(21.96±1.14) kJ/g、(21.97±1.38) kJ/g、(19.94±0.62) kJ/g、(21.61±1.37) kJ/g、(21.51±1.44) kJ/g；组织能量密度足腕最大，其次为尾鳍、输卵管复合体、胴体、卵巢、足腕，缠卵腺组织最小($F$=9.15，$P$<0.01)。中型群个体随着性腺发育，胴体的组织能量密度逐渐增大($F$=3.01，$P$=0.02)，差异主要存在于Ⅰ～Ⅵ期($P$<0.05)；尾鳍、足腕、缠卵腺、输卵管复合体和卵巢等的组织能量密度波动较小，不同性成熟度之间没有显著性差异(尾鳍：$F$=0.79，$P$=0.57；足腕：$F$=1.03，$P$=0.41；缠卵腺：$F$=0.96，$P$=0.46；输卵管复合体：$F$=3.99，$P$=0.07；卵巢：$F$=2.20，$P$=0.08)。微型群个体随着性腺的发育，胴体、尾鳍、足腕、输卵管复合体和卵巢的组织能量密度呈现显著的增长趋势(协方差分析：胴体，$F$=5.90，$P$<0.01；尾鳍，$F$=2.82，$P$=0.03；足腕，$F$=16.72，$P$<0.01；输卵管复合体，$F$=11.18，$P$<0.01；卵巢，$F$=24.66，$P$<0.01)，缠卵腺的组织能量密度则较为稳定(协方差分析：$F$=0.12，$P$=0.89)。

分析显示，南海鸢乌贼中型群雄性个体胴体、尾鳍、足腕、精荚复合体、精巢等组织能量密度分别为(21.16±1.44) kJ/g、(21.98±1.51) kJ/g、(21.44±1.50) kJ/g、(20.83±1.70) kJ/g和(21.41±1.70) kJ/g，以尾鳍的组织能量密度最大，其次为足腕，精荚复合体的组织能量密度最小。相比中型群，微型群雄性个体胴体、尾鳍、足腕、精荚复合体、精巢等的组织能量密度较小，分别为(20.96±0.92) kJ/g、(20.95±1.14) kJ/g、(20.98±1.25) kJ/g、(19.67±5.57) kJ/g和(20.67±0.91) kJ/g。其中，组织能量密度足腕最大，其次为胴体、尾鳍、精巢，精荚复合体最小($F$=12.89，$P$<0.01)。中型群个体，不同性成熟度下，胴体和精荚复合体的组织能量密度均存在显著性差异(胴体：$F$=3.02，$P$=0.02；精荚复合体：$F$=8.50，$P$=0.00)。其中，胴体在Ⅰ期的组织能量密度显著低于Ⅱ期、Ⅲ期和Ⅳ期(Tukey HSD，$P$<0.05)；精荚复合体的组织能量密度在性腺发育前期(Ⅰ、Ⅱ、Ⅲ期)逐渐增加，并在Ⅲ期达到最大值(Tukey HSD，$P$<0.05)。随着性腺发育，尾鳍、足腕和精巢等的组织能量密度均不存在显著性差异(尾鳍：$F$=1.11，$P$=0.36；足腕：$F$=1.08，$P$=0.38；精巢：$F$=0.86，$P$= 0.48)。而微型群个体随着性腺的发育，各组织的组织能量密度值均存在显著性差异(协方差分析：胴体，$F$=2.96，$P$=0.01；尾鳍，$F$=4.06，$P$=0.02；足腕，$F$=2.35，$P$=0.04；精

荚复合体，$F$=2.71，$P$=0.03；精巢，$F$=3.29，$P$=0.01）。其中，精荚复合体和精巢的组织能量密度随着性腺的发育分别呈现降低和升高的趋势。

### 6.1.2 肌肉组织和性腺组织的绝对能量积累

分析显示，同一性别个体，中型群各组织的绝对能量积累较微型群高；同一群体个体，雌性个体各组织的绝对能量积累较雄性高。就单一个体而言，肌肉组织的绝对能量积累较性腺组织大(图 6-1～图 6-4)。

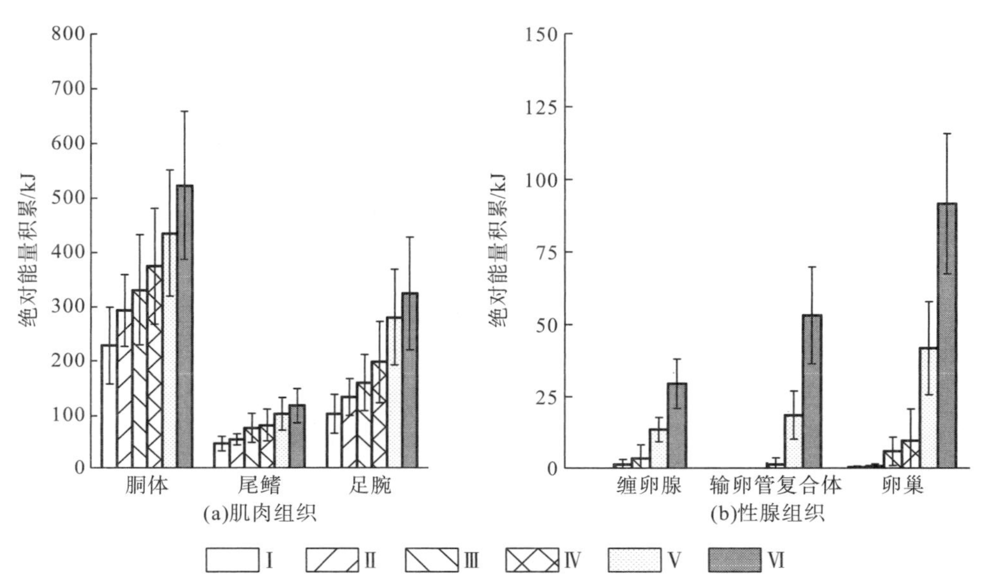


图 6-1 不同性成熟度南海鸢乌贼中型群雌性个体肌肉组织和性腺组织的绝对能量积累

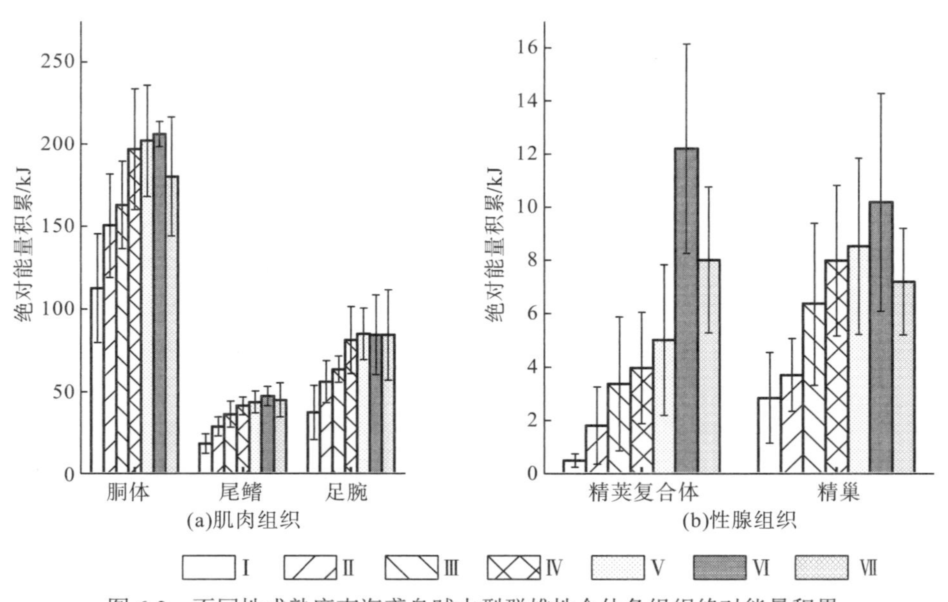


图 6-2 不同性成熟度南海鸢乌贼中型群雄性个体各组织绝对能量积累

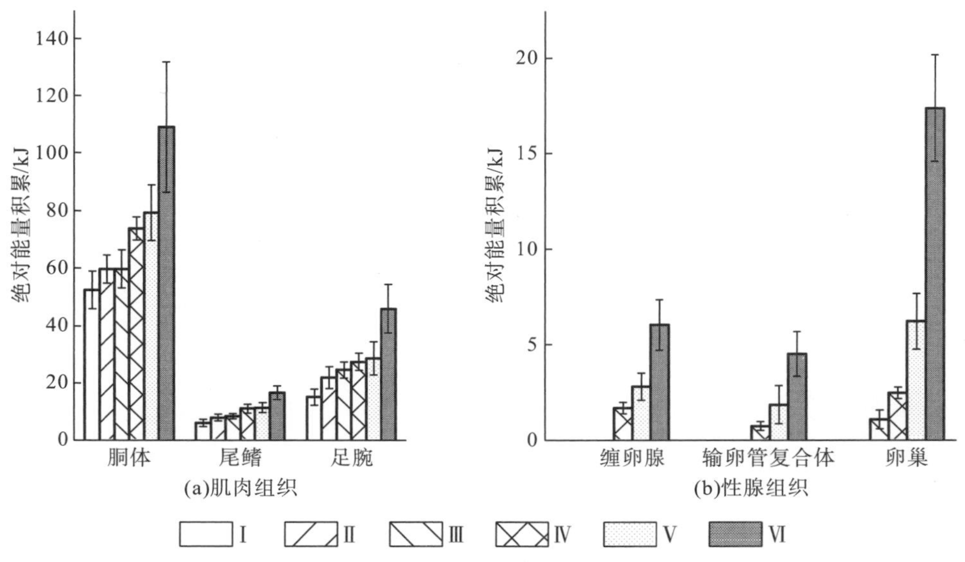


图 6-3　不同性成熟度南海鸢乌贼微型群雌性个体肌肉组织和性腺组织的绝对能量积累

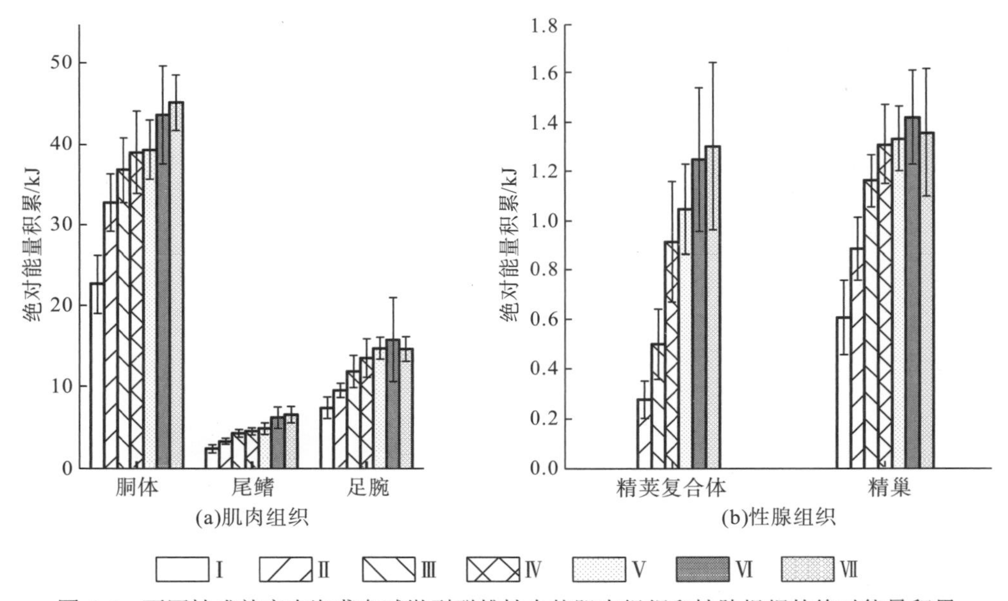


图 6-4　不同性成熟度南海鸢乌贼微型群雄性个体肌肉组织和性腺组织的绝对能量积累

雌性个体，随着性腺发育，肌肉和性腺各组织的绝对能量积累显著增加(图 6-1、图 6-3)(中型群协方差分析：胴体，$F$=13.62，$P$<0.01；尾鳍，$F$=12.71，$P$<0.01；足腕，$F$=18.23，$P$<0.01；缠卵腺，$F$=25.01，$P$<0.01；输卵管复合体，$F$=90.29，$P$<0.01；卵巢，$F$=69.27，$P$<0.01。微型群协方差分析：胴体，$F$=13.40，$P$<0.01；尾鳍，$F$=19.97，$P$<0.01；足腕，$F$=17.82，$P$<0.01；缠卵腺，$F$=10.19，$P$=0.01；输卵管复合体，$F$=9.537，$P$=0.01；卵巢，$F$=39.84，$P$<0.01)，并均在Ⅵ期达到最大值。中型群在性腺发育过程中，肌肉组织绝对能量的增长较为稳定；性腺组织的绝对能量呈现增加的趋势，在性腺发育成熟期增加尤为显

著(Tukey HSD：*P*<0.05)。而微型群肌肉组织在Ⅰ～Ⅴ期绝对能量积累平缓，Ⅴ～Ⅵ期绝对能量积累显著增加(*P*<0.05)；性腺组织绝对能量积累则随着性腺发育越来越显著，缠卵腺、输卵管复合体在Ⅳ～Ⅴ期与Ⅵ期之间存在显著性差异(*P*<0.01)，卵巢在Ⅲ期与Ⅴ期之间、Ⅰ～Ⅴ期与Ⅵ期之间存在显著性差异(*P*<0.01)。

雄性个体，随着性腺发育，胴体、尾鳍和足腕等肌肉组织绝对能量积累均存在显著性差异(图 6-2、图 6-4)(中型群协方差分析：胴体：*F*=12.10，*P*<0.01；尾鳍：*F*=25.17，*P*<0.01；足腕：*F*=13.31，*P*<0.01。微型群协方差分析：胴体，*F*=16.29，*P*<0.01；尾鳍，*F*=20.94，*P*<0.01；足腕，*F*=6.76，*P*<0.01)，性腺发育前期(Ⅰ～Ⅲ期)，肌肉各组织绝对能量积累迅速，随后较为平缓。其中，中型群胴体、尾鳍两组织绝对能量积累均在Ⅵ期达到最大值(Tukey HSD，*P*<0.05)，足腕组织在Ⅴ期达到最大值(Tukey HSD，*P*<0.05)，精荚复合体和精巢组织绝对能量积累均在Ⅵ期达到最大值(Tukey HSD，*P*<0.05)。而微型群胴体、尾鳍和精荚复合体组织均在性成熟度Ⅶ期达到最大值，足腕和精巢组织则在Ⅵ期达到最大值。不同性成熟等级之间，精荚复合体和精巢等组织绝对能量积累差异性显著(中型群，精荚复合体：*F*=12.84，*P*<0.05；精巢：*F*=10.95，*P*<0.01。微型群，精荚复合体，*F*=15.50，*P*<0.01；精巢，*F*=25.94，*P*<0.01)。

### 6.1.3 肌肉组织和性腺组织的相对能量积累

在同一性成熟度等级下，肌肉组织的相对能量积累较高，性腺组织则较低。其中，中型群雌性个体在Ⅰ～Ⅳ期，肌肉组织相对能量积累很高，胴体、尾鳍和足腕组织合计占比保持在 97.75%～99.79%；在性成熟期(Ⅴ～Ⅵ期)，肌肉组织相对能量积累显著下降(*P*<0.05)，在Ⅵ期的合计占比为 83.59%(图 6-5)；微型群雌性个体肌肉组织Ⅰ～Ⅵ期的相对能量积累为 89.26%～100.00%，性腺组织Ⅲ～Ⅵ期的相对能量积累为 0.71%～9.83%(图 6-6)。雄性个体中，随着性腺发育，中型群肌肉组织(胴体、尾鳍和足腕)的总能量占比呈下降趋势，占比自Ⅰ期的 98.04%下降为Ⅵ期的 95.31%(图 6-7)；微型群Ⅰ～Ⅶ期肌肉组织和性腺组织的相对能量积累分别为 95.21%～98.45%和 1.55%～4.08%(图 6-8)。

随着性腺发育，中型群雌性个体胴体和尾鳍组织的相对能量积累呈下降趋势，并在不同性成熟度之间具有统计学差异(胴体：*P*<0.01；尾鳍：*P*=0.02)，足腕组织的相对能量积累呈上升趋势，但在不同性成熟度之间没有差异(足腕：*P*=0.11)。相反，随着性腺发育，缠卵腺、输卵管复合体和卵巢等性腺组织能量的合计占比逐渐增大并具有统计学差异(缠卵腺：*P*<0.01；输卵管复合体：*P*<0.01；卵巢：*P*<0.01)，在Ⅵ期三者相对能量积累最高，分别为 2.62%、4.62%和 8.35%(图 6-5)。微型群雌性个体肌肉组织的相对能量积累逐步下降，性腺组织的相对能量积累逐步增加。其中，肌肉组织中以胴体相对能量积累下降最为明显；性腺组织中以卵巢相对能量积累增加最多(图 6-6)。

中型群雄性个体胴体组织的能量占比随着性成熟度的增加而下降，足腕组织的能量占比稳步增加，尾鳍组织的能量占比也呈增加趋势，但在Ⅳ期略有回落，在Ⅶ期达到最大值。性腺组织(精巢和精荚复合体)的总能量占比随着性腺发育逐渐增加，在Ⅵ期达到最大值，占比为 6.32%(图 6-7)。其中，精荚复合体的能量占比随着性成熟度逐步增加，精巢的能量占比在Ⅰ～Ⅱ期呈平缓状态，之后逐步上升，二者在Ⅵ期达到最大。不同性成熟度等级，各组织的能量占比存在显著性差异($\chi^2$=52.50，$P$<0.01)。微型群雄性个体肌肉组织的相对能量积累先下降后上升，性腺组织的相对能量积累变化趋势则与之相反，两者在Ⅴ期分别达到最小值和最大值，随后均在Ⅵ～Ⅶ期处于相对稳定的状态。同时，肌肉组织中以胴体的相对能量积累下降最为明显，性腺组织中以精荚复合体的相对能量积累增长最多(图 6-8)。

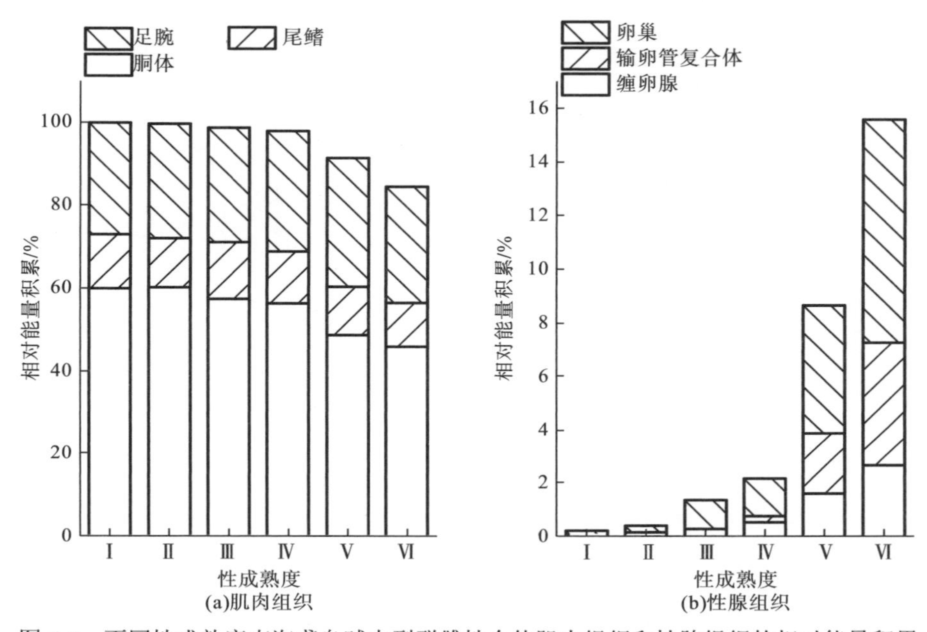


图 6-5　不同性成熟度南海鸢乌贼中型群雌性个体肌肉组织和性腺组织的相对能量积累

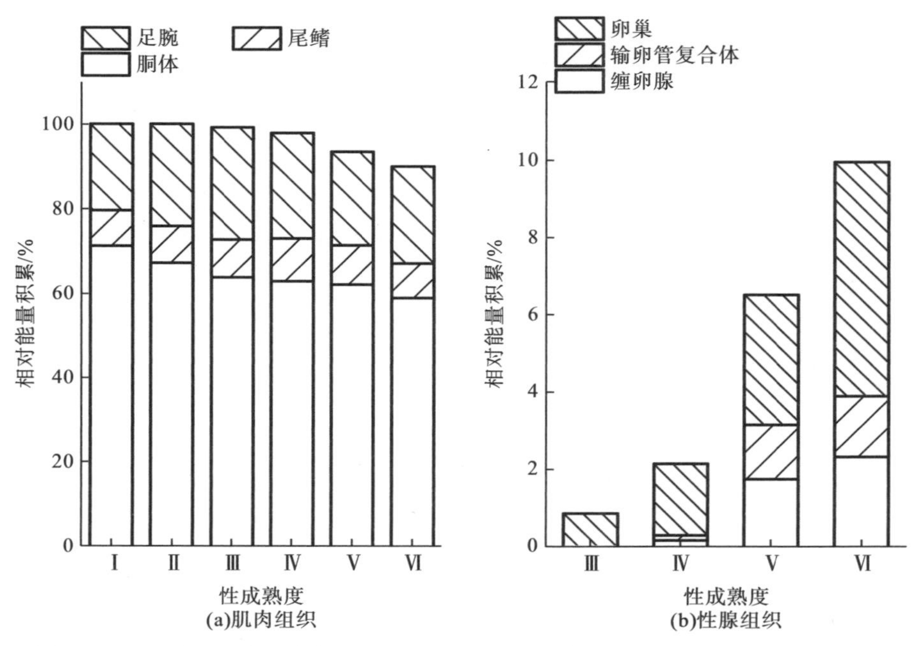


图 6-6　不同性成熟度鸢乌贼微型群雌性个体肌肉组织和性腺组织的相对能量积累

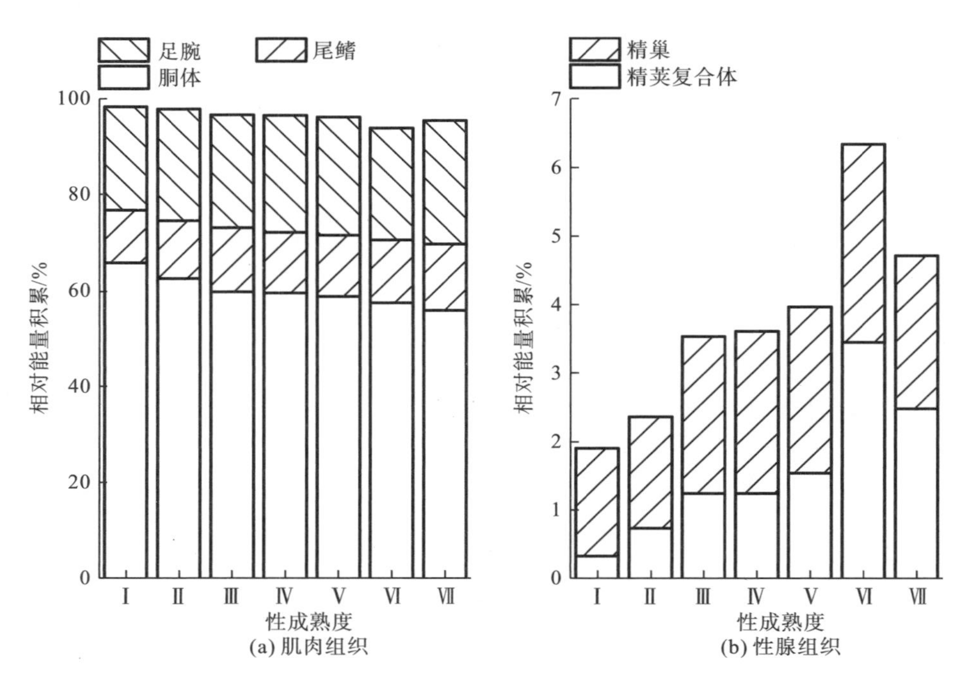


图 6-7 不同性成熟度鸢乌贼中型群雄性个体肌肉组织和性腺组织的相对能量积累

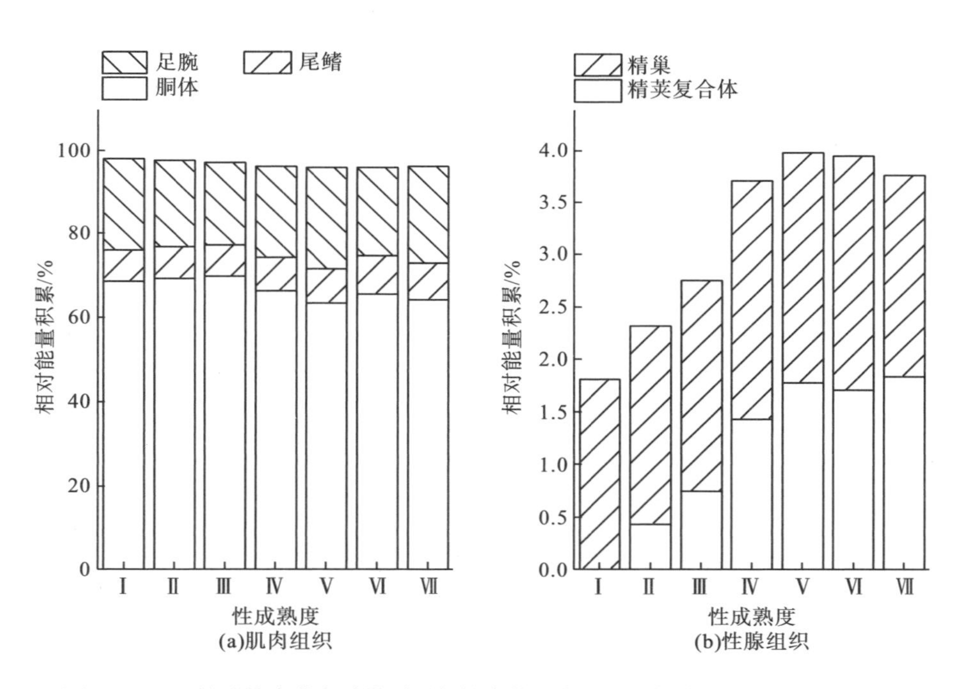


图 6-8 不同性成熟度鸢乌贼微型群雄性个体肌肉组织和性腺组织的相对能量积累

### 6.1.4　潜在繁殖投入

当卵巢卵母细胞全部成熟时，中型群卵母细胞的潜在繁殖投入为(370.18±212.67)kJ，而微型群卵母细胞的潜在繁殖投入为(125.82±46.43)kJ(图 6-9)。当卵巢卵母细胞全部成熟时，中型群总繁殖投入为(400.98±222.65)kJ，而微型群总繁殖投入为(132.56±46.94)kJ(图 6-9)。两个群体不仅在绝对繁殖投入上相差巨大，而且在相对潜在繁殖投入上存在显著差异(One-Way 协方差分析：$F$ =9.27，$P$ =0.006)，中型群的胴长相对潜在繁殖投入明显高于微型群。

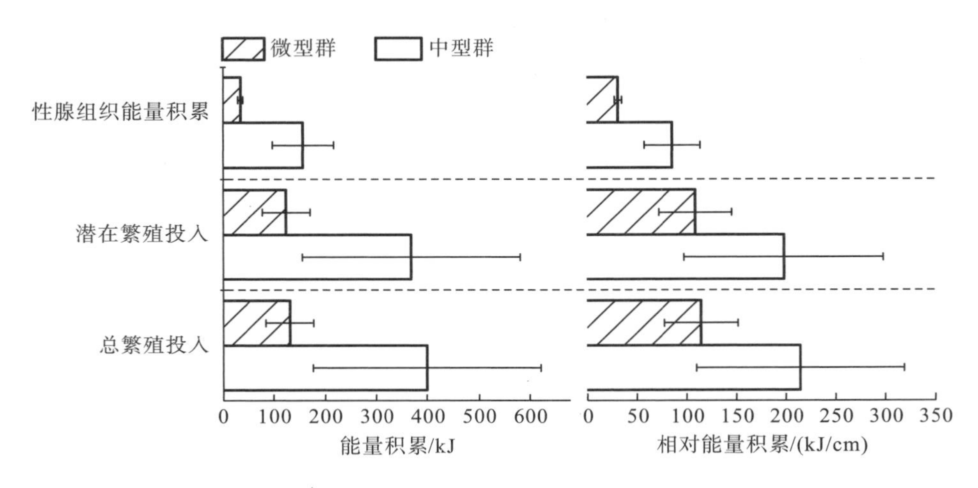


图 6-9　鸢乌贼中型群和微型群雌性个体性腺组织能量积累、潜在繁殖投入和总繁殖投入

## 6.2　鸢乌贼繁殖投入类型及溯源

### 6.2.1　繁殖能量投入分析

为探讨各组织与繁殖投入的关系，采用 Model II 回归方程分别计算雌雄个体组织重量-胴长的标准化残差，其中胴长(ML)为自变量，净重(EW)、生殖系统重量(TRW)或消化腺重量(DGW)为因变量。利用胴长对三种组织重量都进行回归，标准化后的残差均表示基于个体大小的相应组织的体征状况。组织重量相对较小的个体，其相对胴长的组织生长将低于预测值，其标准化残差小于 0，被认为处于生长较差的状态；而组织重量相对较大的个体，其相对胴长的组织生长将高于预测值，标准化残差大于 0，被认为处于生长较好的状态。在头足类中，肌肉组织是最大的能量储备场所，故我们使用净重-胴长的残差来代表组织状态。鉴于其生活习性的特殊性，将消化腺重量-胴长的残差用作衡量摄食活动的指标，生殖系统重量-胴长的残差用作繁殖活动的指标。为了确定体细胞生长和生殖细胞生长是否存在潜在的能量交流，将生殖系统重量-胴长残差分别与净重-胴长残

差、消化腺重量-胴长残差做皮尔逊(Pearson)相关性分析，以此确定繁殖过程所需能量是来自体细胞储备还是直接从食物中摄取。此外，还分析了不同胃饱满度(FD)个体的比例与性成熟度的关系，以从摄食的角度探讨繁殖投入的类型。

在 Excel 软件中利用 lmodel2 函数，分别进行胴体、足腕、尾鳍和性腺(合并精荚复合体和精巢组织)等每个组织绝对能量积累与个体胴长(AE-ML)的 Model II 线性回归分析，随后根据回归参数计算每个组织绝对能量积累的残差并进行残差标准化。利用残差指标对个体组织质量特征与繁殖投入、能量分配等的关系进行分析：残差的正负性分别代表了组织质量特征的好与坏，而在性腺组织绝对能量积累-胴长残差与肌肉组织绝对能量积累-胴长残差的相关性分析中，正相关关系说明两个组织之间没有能量的传递，负相关关系则说明两个组织之间存在能量的传递。

以性腺发育过程中的性腺指数和胃饱满度均值绘制其随性腺发育的变动图，分析鸢乌贼的性腺发育变化和摄食变动；比较不同组织及其各性腺发育阶段碳、氮稳定同位素比值的相似性分析检验结果，绘制不同组织的碳、氮稳定同位素比值分布图，分析组织间潜在的能量流动关系。

采用单因素方差分析明确不同性成熟度阶段各组织之间的差异(EW-ML 残差)。在摄食活动状况(DGW-ML 残差)和繁殖系统体征(TRW-ML 残差)中进行了类似的分析，以明确性成熟过程中可能存在的差异。使用非参数检验比较不同群体、组织间以及不同性腺发育阶段各参数的差异性，当 $P<0.05$ 时为差异显著。

### 6.2.2 组织质量体征变化与繁殖投入类型

中型群雌性的胴长为 74～196mm(均值为 136mm±18mm)，雄性为 99～148mm(均值为 119mm±9mm)。微型群雌性胴长为 71～116mm(均值为 89mm±8mm)，雄性胴长为 65～94mm(均值为 78mm±5mm)。各生长阶段的胴长和组织重量见表 6-1。

表 6-1 鸢乌贼中型群和微型群雌雄个体各生长阶段的胴长和组织重量

| 群体 | 性成熟度 | 数量/尾 | ML/mm | BW/g | EW/g | TRW/g | DGW/g |
|---|---|---|---|---|---|---|---|
| 中型群雌性 | 总体 | 147 | 136±18<br>(74～196) | 116.4±53.2<br>(47.0～356.5) | 97.53±42.23<br>(42.88～278.00) | 2.70±6.35<br>(0.02～31.56) | 6.20±3.53<br>(0.90～24.60) |
| | 性未成熟 | 101 | 130±12<br>(75～161) | 95.9±31.2<br>(47.0～191.0) | 81.07±25.54<br>(42.88～166.50) | 0.31±0.37<br>(0.02～3.10) | 5.17±2.70<br>(0.90～14.74) |
| | 生理性发育 | 24 | 132±11<br>(114～163) | 116.6±23.5<br>(65.9～174.0) | 99.09±20.35<br>(58.00～161.00) | 0.75±0.88<br>(0.11～3.92) | 6.92±2.71<br>(1.90～13.3) |
| | 性成熟 | 22 | 165±17<br>(129～196) | 205.5±59.2<br>(79.2～356.5) | 167.47±45.36<br>(59.89～278.00) | 15.14±8.52<br>(1.14～31.56) | 9.93±4.63<br>(2.00～24.60) |
| 中型群雄性 | 总体 | 137 | 119±9<br>(99～148) | 66.5±18.9<br>(32.0～168.3) | 56.60±15.01<br>(28.8～131.7) | 1.82±1.28<br>(0.13～7.96) | 3.50±1.60<br>(0.70～9.89) |
| | 性未成熟 | 57 | 114±7<br>(99～130) | 52.6±9.8<br>(32.0～73.0) | 45.94±7.99<br>(28.76～62.59) | 0.82±0.40<br>(0.13～2.07) | 2.69±0.99<br>(0.70～6.68) |
| | 生理性发育 | 17 | 117±8<br>(101～134) | 65.2±9.92<br>(55.2～93) | 55.61±10.02<br>(46.44～88) | 1.60±0.54<br>(1.14～2.73) | 3.16±1.26<br>(1.75～7.35) |

续表

| 群体 | 性成熟度 | 数量/尾 | ML/mm | BW/g | EW/g | TRW/g | DGW/g |
|---|---|---|---|---|---|---|---|
| 中型群雄性 | 性成熟 | 36 | 122±8<br>(107～148) | 75.6±19.1<br>(56.5～168.3) | 63.58±14.11<br>(49.1～131.7) | 2.30±1.13<br>(1.15～7.96) | 4.49±1.81<br>(1.41～9.89) |
| | 繁殖期 | 27 | 123±8<br>(107～145) | 84.5±15.1<br>(64.0～126.0) | 70.41±13.56<br>(46.59～117) | 3.44±1.02<br>(2.13～6.76) | 4.12±1.57<br>(1.00～6.90) |
| 微型群雌性 | 总体 | 115 | 89±8<br>(71～116) | 21.8±8.0<br>(8.4～62.3) | 17.64±5.48<br>(6.98～42.7) | 0.56±1.25<br>(0.01～8.11) | 1.20±0.55<br>(0.32～2.92) |
| | 性未成熟 | 73 | 85±4<br>(71～95) | 18.9±4.6<br>(8.4～27.5) | 15.65±3.54<br>(6.98～22.6) | 0.08±0.06<br>(0.01～0.37) | 1.11±0.43<br>(0.32～2.24) |
| | 生理性发育 | 12 | 90±5<br>(80～96) | 21.8±3.3<br>(16.3～26.5) | 17.97±1.96<br>(13.67～20.64) | 0.26±0.12<br>(0.06～0.45) | 1.05±0.59<br>(0.26～2.06) |
| | 性成熟 | 30 | 97±8<br>(82～116) | 28.9±11.0<br>(15.3～62.3) | 22.37±7.13<br>(11.83～42.74) | 1.83±1.93<br>(0.16～8.11) | 1.49±0.66<br>(0.36～2.92) |
| 微型群雄性 | 总体 | 207 | 78±5<br>(65～94) | 15.1±2.5<br>(7.4～27.6) | 12.476±2.277<br>(5.97～25.3) | 0.455±0.156<br>(0.10～0.95) | 0.947±0.304<br>(0.36～1.80) |
| | 性未成熟 | 34 | 75±5<br>(65～94) | 12.6±3.32<br>(7.4～27.6) | 10.45±3.1<br>(5.97～25.3) | 0.26±0.07<br>(0.10～0.37) | 0.92±0.38<br>(0.36～1.80) |
| | 生理性发育 | 64 | 77±4<br>(70～89) | 14.6±1.8<br>(10.9～22.5) | 12.02±1.49<br>(8.08～18.12) | 0.41±0.11<br>(0.10～0.74) | 0.91±0.30<br>(0.30～1.56) |
| | 性成熟 | 55 | 79±4<br>(72～88) | 15.5±1.7<br>(11.4～20.1) | 12.78±1.68<br>(9.05～17.00) | 0.50±0.09<br>(0.37～0.92) | 0.93±0.27<br>(0.46～1.43) |
| | 繁殖期 | 54 | 81±5<br>(70～92) | 16.7±2.0<br>(12.43～22) | 13.98±1.76<br>(9.17～17.83) | 0.59±0.14<br>(0.32～0.95) | 1.03±0.27<br>(0.23～1.50) |

### 1.胴长与组织重量回归模型

中型群雌性个体净重-胴长(EW-ML)、生殖系统重量-胴长(TRW-ML)和消化腺重量-胴长(DGW-ML)回归模型的斜率大于雄性，表明雌性的净重(EW)、生殖系统重量(TRW)和消化腺重量(DGW)的增长率大于雄性(表 6-2)。微型群雌性的 EW-ML、TRW-ML 和 DGW-ML 回归模型的斜率大于雄性，表明雌性的 EW、TRW 和 DGW 的增长率也大于雄性(表 6-2)。EW-ML、TRW-ML 和 DGW-ML 回归模型中，雌、雄中型群个体的斜率均大于微型群，表明中型群的 EW、TRW 和 DGW 的增长率大于微型群。

**表 6-2　鸢乌贼中型群、微型群雌雄个体胴长与净重、生殖系统重量、消化腺重量的 Model II 回归统计**

| 群体 | 性别 | 组织重量-胴长 | 数量/尾 | 截距 | 截距 95%置信区间 | 斜率 | 斜率 95%置信区间 | $R^2$ |
|---|---|---|---|---|---|---|---|---|
| 中型群 | ♀ | EW-ML | 147 | −194.157 | −213.683～−174.632 | 2.151 | 2.008～2.294 | 0.860 |
| | | TRW-ML | 147 | −31.985 | −37.306～−26.664 | 0.256 | 0.217～0.295 | 0.538 |
| | | DGW-ML | 147 | −10.231 | −13.636～−6.825 | 0.121 | 0.096～0.146 | 0.390 |
| | ♂ | EW-ML | 137 | −106.389 | −127.616～−85.162 | 1.381 | 1.201～1.560 | 0.632 |
| | | TRW-ML | 137 | −8.563 | −10.969～−6.156 | 0.088 | 0.068～0.108 | 0.352 |
| | | DGW-ML | 137 | −5.629 | −9.025～−2.233 | 0.077 | 0.049～0.106 | 0.174 |
| 微型群 | ♀ | EW-ML | 115 | −32.808 | −40.333～−25.284 | 0.568 | 0.484～0.652 | 0.611 |
| | | TRW-ML | 115 | −10.734 | −12.490～−8.977 | 0.127 | 0.107～0.147 | 0.591 |
| | | DGW-ML | 115 | −2.021 | −3.067～−0.975 | 0.036 | 0.025～0.048 | 0.249 |

续表

| 群体 | 性别 | 组织重量-胴长 | 数量/尾 | 截距 | 截距95%置信区间 | 斜率 | 斜率95%置信区间 | $R^2$ |
|---|---|---|---|---|---|---|---|---|
| 微型群 | ♂ | EW-ML | 207 | −10.462 | −14.483～−6.440 | 0.293 | 0.242～0.344 | 0.382 |
| | | TRW-ML | 207 | −0.976 | −1.267～−0.686 | 0.018 | 0.015～0.022 | 0.316 |
| | | DGW-ML | 207 | −0.433 | −1.089～0.223 | 0.018 | 0.009～0.026 | 0.078 |

2.肌肉、消化腺组织体征与性成熟度

在中型群个体中，雌雄鸢乌贼的净重-胴长和消化腺重量-胴长残差均值在性成熟过程中表现出相似的变化模式。不同性成熟阶段，雌性和雄性净重-胴长的残差均值、雄性消化腺重量-胴长的残差均值差异显著(EW-ML：雌性，$F = 3.98$，$P = 0.02$，雄性，$F = 15.55$，$P < 0.01$；DGW-ML：$F = 7.42$，$P = 0.01$)，但雌性个体消化腺重量-胴长的残差均值在不同成熟阶段差异性不显著($F = 1.30$，$P = 0.28$)(图6-10)。

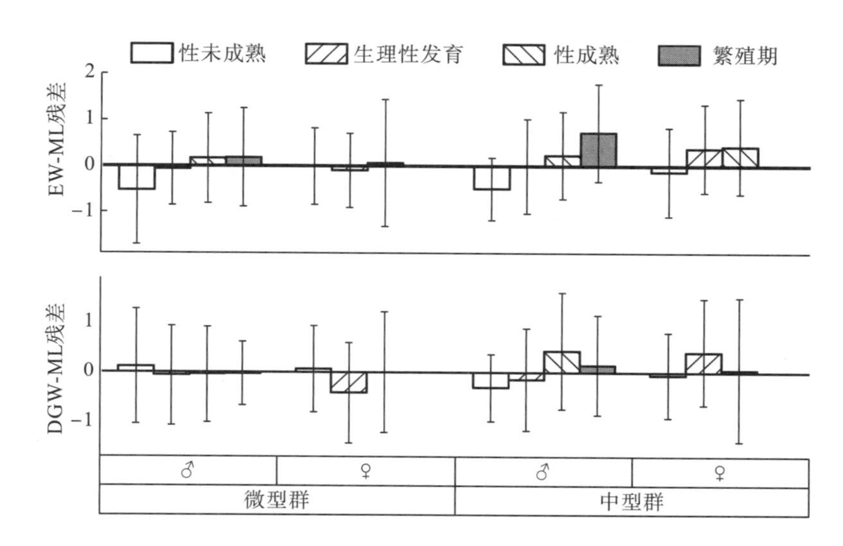


图6-10　鸢乌贼各性成熟度阶段净重-胴长(EW-ML)和消化腺重量-胴长(DGW-ML)的残差均值回归分析

在微型群个体中，雄性净重-胴长的残差均值在不同性成熟阶段差异显著($F$=7.27, $P$=0.01)，但雌性净重-胴长关系的残差均值和雌性消化腺重量-胴长的残差均值在不同成熟阶段差异性不显著(EW-ML，$F$ = 0.12，$P$ = 0.89；DGW-ML，雌性，$F$=1.13, $P$=0.31；DGW-ML，雄性，$F$=0.35, $P$=0.70)。雌性个体的净重-胴长的残差均值由性未成熟期至生理性发育期呈下降趋势，然后在性成熟期呈上升趋势，而雄性个体的净重-胴长的残差均值由性未成熟期到繁殖期呈上升趋势。雌雄个体消化腺重量-胴长的残差均值从性未成熟期到生理性发育期均呈现下降趋势，而后在性成熟期或繁殖期有所增加(图6-10)。

3.性腺组织体征与性成熟度

在雄性个体中，生殖系统重量-胴长的残差均值在各成熟期间存在显著性差异(中型群雄性，$F$=16.96，$P$<0.01；微型群雄性，$F$=3.74，$P$<0.05)。在性腺发育过程中，两个群体的生殖系统重量-胴长的残差均值在性未成熟期到性成熟阶段均呈增加趋势。生殖系统重量-胴长的残差均值在性未成熟期与生理性发育期为负，性成熟期为正，繁殖期最高。

在雌性个体中，生殖系统重量-胴长的残差均值在性成熟过程中也存在显著性差异(中型群雌性，$F$=28.22，$P$<0.01；微型群雌性，$F$=38.44，$P$<0.01)，在性成熟期，中型群和微型群的变化规律相似。中型群和微型群的性腺组织体征均随着性腺发育而逐步改善，性未成熟期生殖系统重量-胴长的残差均值为负，性成熟期为正(图 6-11)。

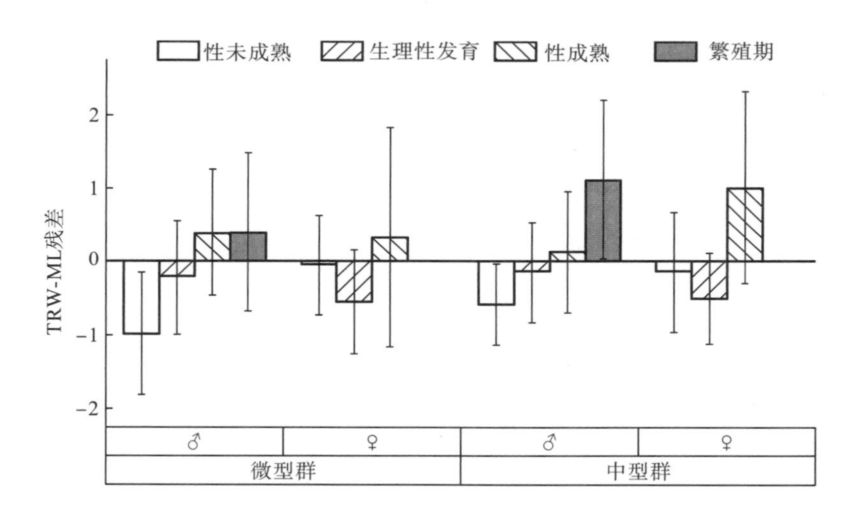


图 6-11　鸢乌贼的生殖系统重量-胴长(TRW-ML)残差均值回归分析结果

4.消化腺生长与繁殖投入的关系

对雌雄的中型群个体残差分析显示，生殖系统重量-胴长残差与消化腺重量-胴长、净重-胴长残差均呈正相关，表明体细胞、消化腺体征变化与生殖系统体征变化一致(表 6-3)。通过分析生殖系统重量-胴长残差与净重-胴长残差、消化腺重量-胴长残差之间的相关性(表 6-3、图 6-12)，可以得出鸢乌贼两个群体雌雄的繁殖投入类型主要为外源性。

**表 6-3　鸢乌贼雌雄生殖系统重量-胴长残差与净重-胴长残差、消化腺重量-胴长残差之间的相关性**

| 群体 | 性别 | 净重-胴长残差 vs 生殖系统重量-胴长残差 | | 消化腺重量-胴长残差 vs 生殖系统重量-胴长残差 | |
|---|---|---|---|---|---|
| | | Pearson 相关系数 | $P$ 值 | Pearson 相关系数 | $P$ 值 |
| 中型群 | ♀ | 0.42 | 0.01 | 0.21 | 0.01 |
| | ♂ | 0.73 | 0.01 | 0.39 | 0.01 |
| 微型群 | ♀ | 0.46 | 0.01 | −0.02 | 0.82 |
| | ♂ | 0.52 | 0.01 | 0.02 | 0.78 |

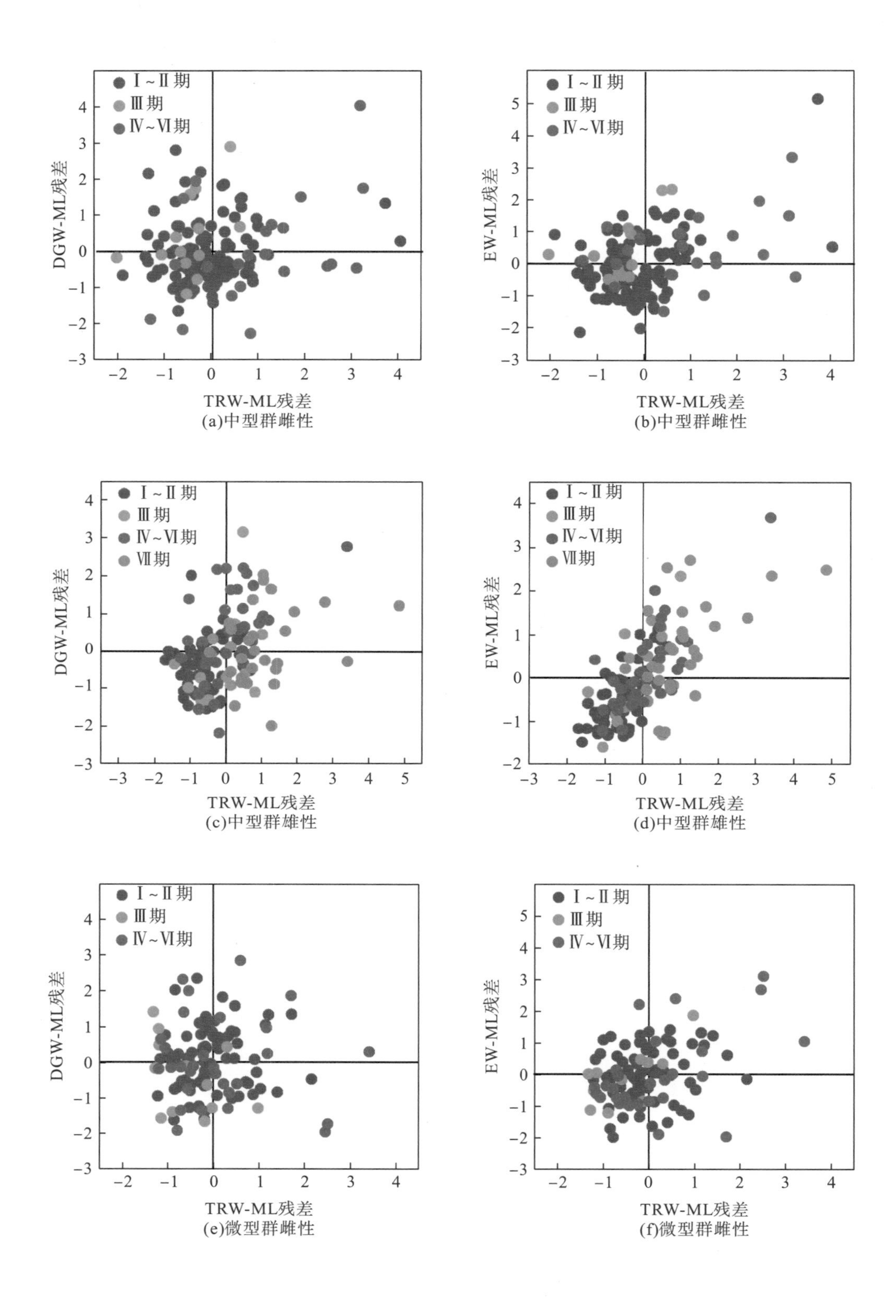

(a)中型群雌性
(b)中型群雌性
(c)中型群雄性
(d)中型群雄性
(e)微型群雌性
(f)微型群雌性

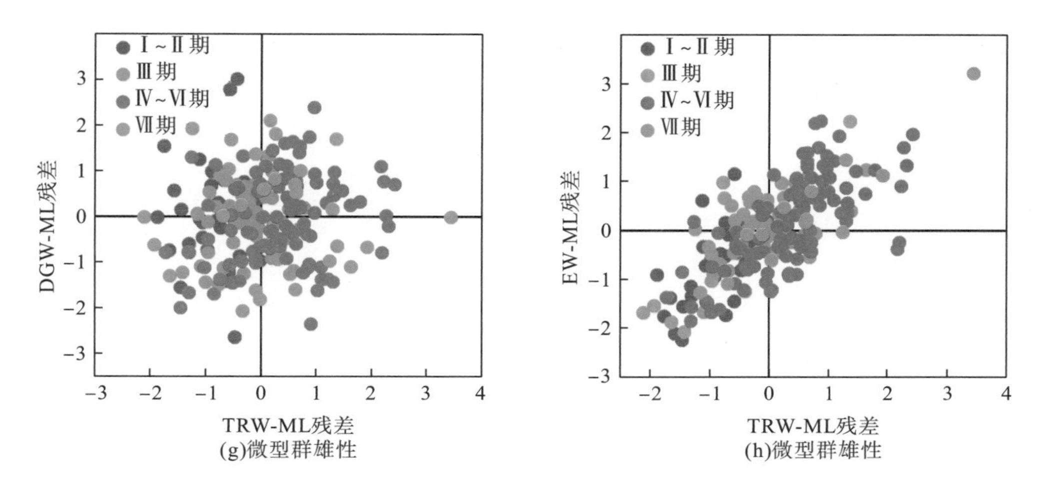


图 6-12　南海鸢乌贼微型群和中型群生殖系统重量-胴长(TRW-ML)残差回归分析、净重-胴长(EW-ML)残差回归分析、消化腺重量-胴长(DGW-ML)残差回归分析

5.不同性成熟度个体的摄食强度

中型群雌性个体的 FD 0-1 和 FD 3-4 比例从 I～II 期到III期有所降低，但差异不显著($\chi^2 = 3.52$，$P = 0.17$，FD 为胃饱满度等级)。中型群雄性和微型群雄性个体的性成熟阶段主要出于 FD2-3，FD 0 的比例较低($P > 0.05$)(图 6-13)。

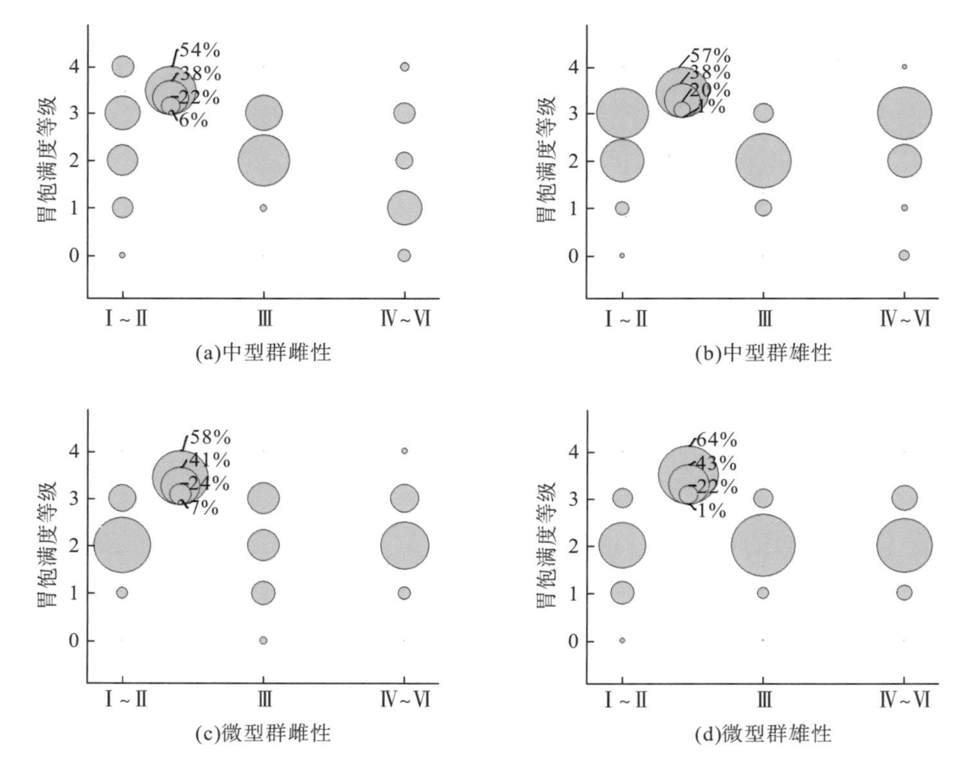


图 6-13　不同胃饱满度个体在微型群和中型群南海鸢乌贼中所占比例

本书选取了生理性发育期至功能性成熟期(Ⅲ～Ⅵ期)的中型群和微型群雌性个体进行胴体、消化腺、卵巢的碳氮稳定同位素分析。两个群体的性腺指数均随着性成熟度的增加逐步增大(中型群，H 检验值=15.82，$P$=0.001；微型群，H 检验值= 20.27，$P$<0.01)，但在摄食状况上表现并不一致，中型群的胃饱满度等级在Ⅲ～Ⅳ期呈增长的趋势，而微型群则表现不明显(中型群，H 检验值=3.97，$P$ = 0.27；微型群，H 检验值=1.97，$P$ =0.58)(图 6-14)。

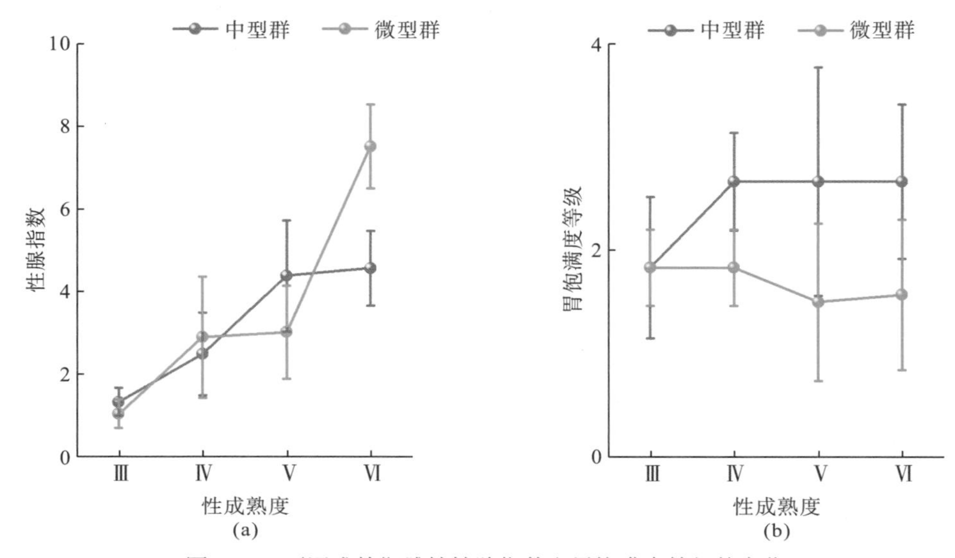


图 6-14　不同成熟期雌性性腺指数和胃饱满度等级的变化

## 6.2.3　不同组织同位素与繁殖投入类型

### 1.$\delta^{13}$C 和 $\delta^{15}$N 分布

比较两个群体相同组织的 $\delta^{13}$C 和 $\delta^{15}$N 发现，中型群的消化腺、胴体和卵巢的 $\delta^{13}$C 和 $\delta^{15}$N 平均值均大于微型群且存在显著性差异($\delta^{13}$C：消化腺，H 检验值=18.03，$P$<0.01；胴体，H 检验值=28.23，$P$<0.01；卵巢，H 检验值=14.207，$P$<0.01。$\delta^{15}$N：消化腺，H 检验值=28.47，$P$<0.01；胴体，H 检验值=31.71，$P$<0.01；卵巢，H 检验值=31.97，$P$<0.01)(表 6-4、表 6-5)。

**表 6-4　鸢乌贼雌性中型群消化腺、胴体和卵巢中 $\delta^{13}$C 和 $\delta^{15}$N**

| | | 消化腺 | | 胴体 | | 卵巢 | |
|---|---|---|---|---|---|---|---|
| | | 平均值 | 方差 | 平均值 | 方差 | 平均值 | 方差 |
| $\delta^{13}$C | 合计 | −18.98 | 0.46 | −17.04 | 0.26 | −17.68 | 0.49 |
| | Ⅲ | −18.87 | 0.42 | −17.13 | 0.09 | −17.48 | 0.18 |
| | Ⅳ | −19.16 | 0.24 | −17.29 | 0.21 | −17.78 | 0.41 |
| | Ⅴ | −19.25 | 0.24 | −16.96 | 0.28 | −17.69 | 0.78 |
| | Ⅵ | −18.73 | 0.58 | −16.81 | 0.11 | −17.80 | 0.37 |

续表

| | | 消化腺 | | 胴体 | | 卵巢 | |
|---|---|---|---|---|---|---|---|
| | | 平均值 | 方差 | 平均值 | 方差 | 平均值 | 方差 |
| $\delta^{15}N$ | 合计 | 7.19 | 0.43 | 9.75 | 0.32 | 7.72 | 0.41 |
| | Ⅲ | 7.01 | 0.23 | 9.64 | 0.16 | 7.51 | 0.25 |
| | Ⅳ | 7.12 | 0.37 | 9.55 | 0.28 | 7.66 | 0.46 |
| | Ⅴ | 7.05 | 0.28 | 9.67 | 0.10 | 7.67 | 0.12 |
| | Ⅵ | 7.53 | 0.51 | 10.10 | 0.33 | 8.03 | 0.48 |

**表 6-5　鸢乌贼雌性微型群消化腺、胴体和卵巢中 $\delta^{13}C$ 和 $\delta^{15}N$**

| | | 消化腺 | | 胴体 | | 卵巢 | |
|---|---|---|---|---|---|---|---|
| | | 平均值 | 方差 | 平均值 | 方差 | 平均值 | 方差 |
| $\delta^{13}C$ | 合计 | −20.15 | 0.46 | −18.28 | 0.42 | −18.71 | 0.32 |
| | Ⅲ | −20.65 | 0.28 | −18.62 | 0.21 | −18.66 | 0.22 |
| | Ⅳ | −20.14 | 0.38 | −18.42 | 0.18 | −18.87 | 0.30 |
| | Ⅴ | −19.75 | 0.30 | −18.37 | 0.19 | −18.82 | 0.33 |
| | Ⅵ | −20.03 | 0.32 | −17.60 | 0.19 | −18.42 | 0.19 |
| $\delta^{15}N$ | 合计 | 6.70 | 0.17 | 8.89 | 0.33 | 7.30 | 0.25 |
| | Ⅲ | 6.79 | 0.08 | 8.79 | 0.13 | 7.17 | 0.22 |
| | Ⅳ | 6.71 | 0.18 | 8.70 | 0.15 | 7.18 | 0.23 |
| | Ⅴ | 6.79 | 0.11 | 8.76 | 0.23 | 7.34 | 0.17 |
| | Ⅵ | 6.50 | 0.12 | 9.40 | 0.22 | 7.55 | 0.17 |

比较不同组织的 $\delta^{13}C$ 和 $\delta^{15}N$ 发现，中型群和微型群雌性个体中，胴体的 $\delta^{13}C$ 和 $\delta^{15}N$ 显著高于卵巢和消化腺(中型群：$\delta^{13}C$，H 检验值=53.60，$P<0.01$；$\delta^{15}N$，H 检验值=52.99，$P<0.01$。微型群：$\delta^{13}C$，H 检验值=52.09，$P<0.01$；$\delta^{15}N$，H 检验值=62.42，$P<0.01$)(表 6-4、表 6-5)。

随着个体的性腺发育，两个群体雌性个体各组织的 $\delta^{13}C$ 和 $\delta^{15}N$ 呈现出不同的变动趋势(表 6-4、表 6-5)，其中微型群各组织的 $\delta^{13}C$ 和 $\delta^{15}N$ 均呈现出显著性的变化($\delta^{15}N$：消化腺，H 检验值=10.62，$P=0.01$；胴体，H 检验值=14.48，$P<0.01$；卵巢，H 检验值=10.44，$P=0.02$。$\delta^{13}C$：消化腺，H 检验值=11.30，$P=0.01$；胴体，H 检验值=16.61，$P<0.01$；卵巢，H 检验值=8.66，$P=0.03$)。中型群雌性个体消化腺、胴体的 $\delta^{13}C$ 在性腺发育后期(Ⅴ～Ⅵ期)呈现增加的趋势，而卵巢的 $\delta^{13}C$ 则呈相反的趋势；微型群雌性个体的胴体和卵巢虽然同样在Ⅴ～Ⅵ期增加，但消化腺的 $\delta^{15}N$ 和 $\delta^{13}C$ 却有所降低。中型群雌性个体消化腺、胴体和卵巢的 $\delta^{15}N$ 在性腺发育后期(Ⅴ～Ⅵ期)呈现增加的趋势，并均在Ⅵ期达到最大；微型群雌性个体胴体和卵巢的 $\delta^{15}N$ 虽然在Ⅴ～Ⅵ期增加，并在Ⅵ期达到最大值，但消化腺的 $\delta^{15}N$ 在Ⅵ期却达到了最小值。

2.组织间 $\delta^{13}C$ 和 $\delta^{15}N$ 分布相似性

通过分析鸢乌贼各组织的 $\delta^{13}C$ 和 $\delta^{15}N$ 的分布状况可知，中型群和微型群卵巢的 $\delta^{13}C$ 和 $\delta^{15}N$ 的分布与消化腺存在部分重叠(图 6-15)，而与胴体可以明显区别开来，表明卵巢和消化腺的 $\delta^{13}C$ 和 $\delta^{15}N$ 分布更为相近。进一步的相似性分析检验结果证明了这一点，两个群体卵巢和消化腺的 $\delta^{13}C$ 和 $\delta^{15}N$ 相似性更高，其中微型群更为明显(表 6-6)。

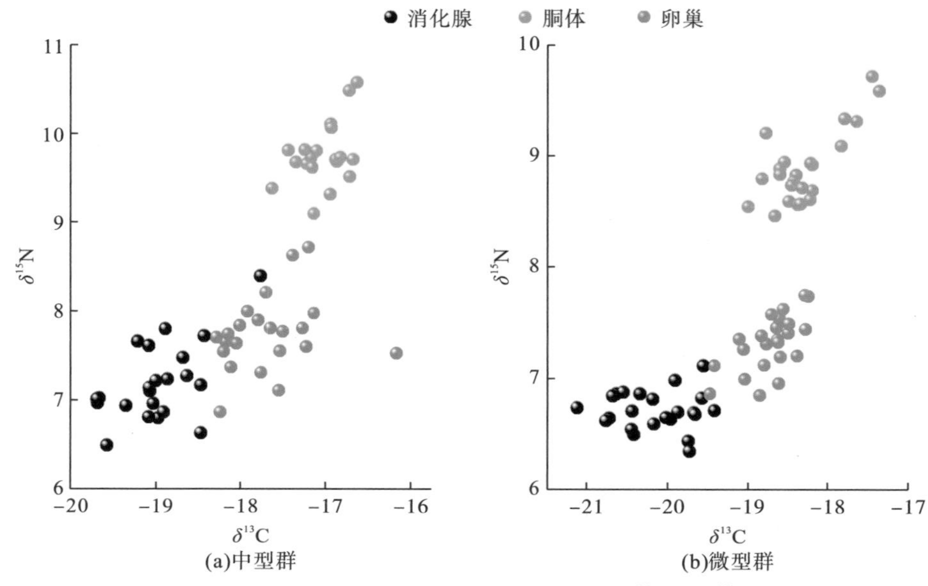


图 6-15 鸢乌贼雌性个体卵巢、消化腺和胴体的 $\delta^{13}C$ 和 $\delta^{15}N$ 分布图

Ⅳ～Ⅵ期，卵巢与消化腺、卵巢与胴体之间的相似性总体上呈现出下降趋势(微型群的卵巢与胴体在Ⅴ～Ⅵ期略有上升)。

**表 6-6 鸢乌贼中型群和微型群雌性个体卵巢、消化腺和胴体 $\delta^{13}C$ 和 $\delta^{15}N$ 组成变化的相似性分析结果**

| 群体 | 性成熟度 | 数量/尾 | 卵巢 vs.消化腺 | | 卵巢 vs.胴体 | |
|---|---|---|---|---|---|---|
| | | | $R$ | $P$ | $R$ | $P$ |
| 中型群 | 合计 | 22 | 0.64 | <0.01 | 0.61 | <0.01 |
| | Ⅲ | 6 | 0.83 | <0.01 | 0.78 | <0.01 |
| | Ⅳ | 5 | 0.90 | 0.01 | 0.68 | <0.01 |
| | Ⅴ | 5 | 0.70 | 0.01 | 0.63 | 0.01 |
| | Ⅵ | 6 | 0.52 | 0.01 | 0.57 | <0.01 |
| 微型群 | 合计 | 23 | 0.49 | <0.01 | 0.34 | <0.01 |
| | Ⅲ | 6 | 1.00 | <0.01 | 0.89 | 0.01 |
| | Ⅳ | 6 | 0.47 | <0.01 | 0.92 | 0.01 |
| | Ⅴ | 6 | 0.45 | 0.01 | 0.14 | 0.13 |
| | Ⅵ | 5 | 0.43 | 0.02 | 0.56 | 0.01 |

### 6.2.4　性腺组织能量与肌肉组织能量同源性分析

Model II 回归分析显示，中型群和微型群雌雄个体各肌肉组织、性腺组织绝对能量积累与胴长呈显著的线性相关关系($P$<0.01)，相关系数 $R^2$ 均大于 0.2，并且雌性个体各组织绝对能量积累与胴长的相关性均高于雄性个体(表 6-7)。中型群雄性个体尾鳍绝对能量积累与胴长的相关系数最大，性腺组织绝对能量积累与胴长的相关系数次之，胴体和足腕绝对能量积累与胴长的相关系数均比较小(表 6-7)；而微型群雄性个体胴体绝对能量积累与胴长的相关系数最大，性腺组织绝对能量积累与胴长的相关系数次之，尾鳍和足腕绝对能量积累与胴长的相关系数均比较小(表 6-7)。

表 6-7　鸢乌贼个体肌肉和性腺组织的绝对能量积累与胴长的 Model II 回归参数表

| 群体 | 性别 | 组织绝对能量积累-胴长 | 截距 | 截距 95%置信区间 | 斜率 | 斜率 95%置信区间 | $R^2$ | 数量/尾 |
|---|---|---|---|---|---|---|---|---|
| 中型群 | ♀ | $TiE_{ma}$-ML | −418.29 | −529.20～−307.38 | 5.35 | 4.56～6.15 | 0.69 | 82 |
| | | $TiE_{fin}$-ML | −112.97 | −141.38～−84.56 | 1.33 | 1.12～1.53 | 0.68 | 82 |
| | | $TiE_{arm}$-ML | −396.86 | −465.68～−328.02 | 4.08 | 3.59～4.57 | 0.77 | 82 |
| | | $TiE_{re}$-ML | −251.15 | −301.59～−200.70 | 1.99 | 1.63～2.35 | 0.60 | 82 |
| | ♂ | $TiE_{ma}$-ML | −131.31 | −256.89～−5.73 | 2.47 | 1.44～3.51 | 0.25 | 69 |
| | | $TiE_{fin}$-ML | −84.22 | −112.43～−56.00 | 1.00 | 0.77～1.23 | 0.52 | 69 |
| | | $TiE_{arm}$-ML | −91.04 | −167.84～−14.23 | 1.32 | 0.69～1.96 | 0.21 | 69 |
| | | $TiE_{re}$-ML | −43.54 | −60.98～−26.09 | 0.45 | 0.31～0.59 | 0.37 | 69 |
| 微型群 | ♀ | $TiE_{ma}$-ML | −134.12 | −96.37～−171.87 | 2.20 | 1.80～2.61 | 0.71 | 51 |
| | | $TiE_{fin}$-ML | −23.45 | −30.13～−16.77 | 0.36 | 0.29～0.43 | 0.68 | 51 |
| | | $TiE_{arm}$-ML | −68.96 | −87.01～−50.91 | 1.03 | 0.83～1.22 | 0.70 | 51 |
| | | $TiE_{re}$-ML | −77.60 | −96.47～−58.73 | 0.91 | 0.71～1.11 | 0.63 | 51 |
| | ♂ | $TiE_{ma}$-ML | −60.42 | −81.50～−39.33 | 1.24 | 0.97～1.50 | 0.60 | 62 |
| | | $TiE_{fin}$-ML | −10.79 | −15.87～−5.71 | 0.20 | 0.13～0.26 | 0.39 | 62 |
| | | $TiE_{arm}$-ML | −19.97 | −33.07～−6.87 | 0.42 | 0.25～0.58 | 0.30 | 62 |
| | | $TiE_{re}$-ML | −6.65 | −8.84～−4.46 | 0.11 | 0.08～0.14 | 0.52 | 62 |

注：ML.胴长; $TiE_{ma}$.胴体组织绝对能量积累; $TiE_{fin}$.尾鳍组织绝对能量积累; $TiE_{arm}$.足腕组织绝对能量积累; $TiE_{re}$.性腺组织绝对能量积累。

肌肉和性腺组织的绝对能量积累与胴长 Model II 回归的残差关系显示，中型群雌性性腺组织绝对能量积累-胴长残差($TiE_{re}$-ML residual)与肌肉组织绝对能量积累-胴长残差($TiE_{ma}$-ML residual、$TiE_{arm}$-ML residual 和 $TiE_{fin}$-ML residual)之间总体上呈正相关关系，其中 $TiE_{re}$-ML residual 与 $TiE_{arm}$-ML residual 之间存在显著相关性($P$<0.05)。结果表明，中型群雌性性腺发育过程中，在总体上性腺组织和肌肉组织之间能量的交换并不显著。其中，Ⅰ～Ⅱ期性腺绝对能量积累-胴长残差($TiE_{re}$-ML residual)与肌肉组织绝对能量积累-胴长残差($TiE_{ma}$-ML residual、$TiE_{fin}$-ML residual 和 $TiE_{arm}$-ML residual)呈线性正相关关系，且 $TiE_{re}$-ML residual 与 $TiE_{fin}$-ML residual、$TiE_{arm}$-ML residual 两者之间的线性关系显著

($P$<0.05)(图 6-16)。而在Ⅲ～Ⅵ期，$TiE_{re}$-ML residual 与肌肉组织绝对能量积累-胴长残差($TiE_{ma}$-ML residual、$TiE_{fin}$-ML residual 和 $TiE_{arm}$-ML residual)呈弱的负相关关系(图 6-16)。结果表明性腺发育前期中型群雌性肌肉组织和性腺组织之间并无能量转移；而在性腺发育期和性成熟期，胴体、尾鳍和足腕等组织则可能将部分能量转化用于性腺组织的生长发育，但这种组织能量转化并不影响肌肉组织的完整性。

微型群雌性个体肌肉组织绝对能量积累-胴长残差与性腺绝对能量积累-胴长残差均呈显著的正相关关系(Pearson 相关性：$TiE_{ma}$-ML residuals 与 $TiE_{re}$-ML residuals，$R^2$=0.55，$P$<0.01；$TiE_{fin}$-ML residuals 与 $TiE_{re}$-ML residuals，$R^2$=0.64，$P$<0.01；$TiE_{arm}$-ML residuals 与 $TiE_{re}$-ML residuals，$R^2$=0.49，$P$<0.01)(图 6-17)；微型群雄性个体肌肉组织绝对能量积累-胴长残差与性腺绝对能量积累-胴长残差亦均呈显著的正相关关系(Pearson 相关性：$TiE_{ma}$-ML residuals 与 $TiE_{re}$-ML residuals，$R^2$=0.42，$P$<0.01；$TiE_{fin}$-ML residuals 与 $TiE_{re}$-ML residuals，$R^2$=0.57，$P$<0.01；$TiE_{arm}$-ML residuals 与 $TiE_{re}$-ML residuals，$R^2$=0.41，$P$<0.01)(图 6-17)。这些结果表明，微型群雌性个体肌肉组织与性腺组织之间均不存在能量的转移。

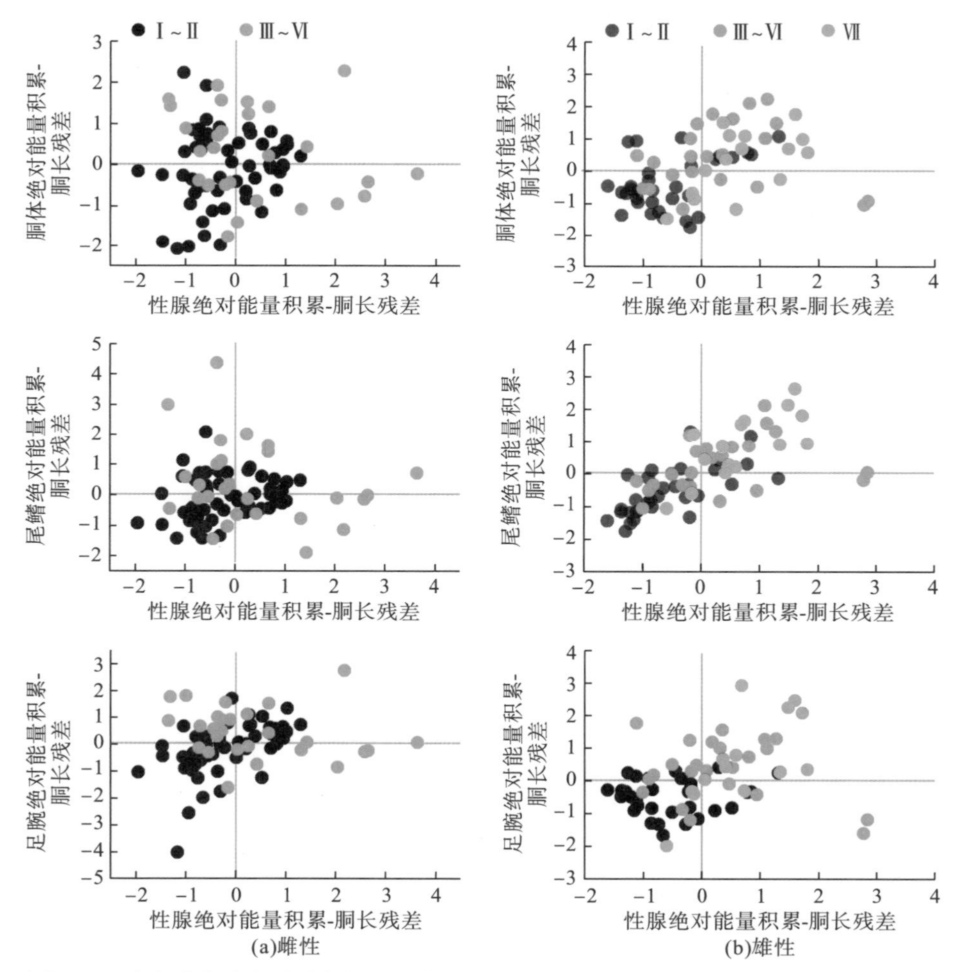


图 6-16 南海鸢乌贼中型群个体组织绝对能量积累与胴长残差 ModelⅡ回归拟合关系图

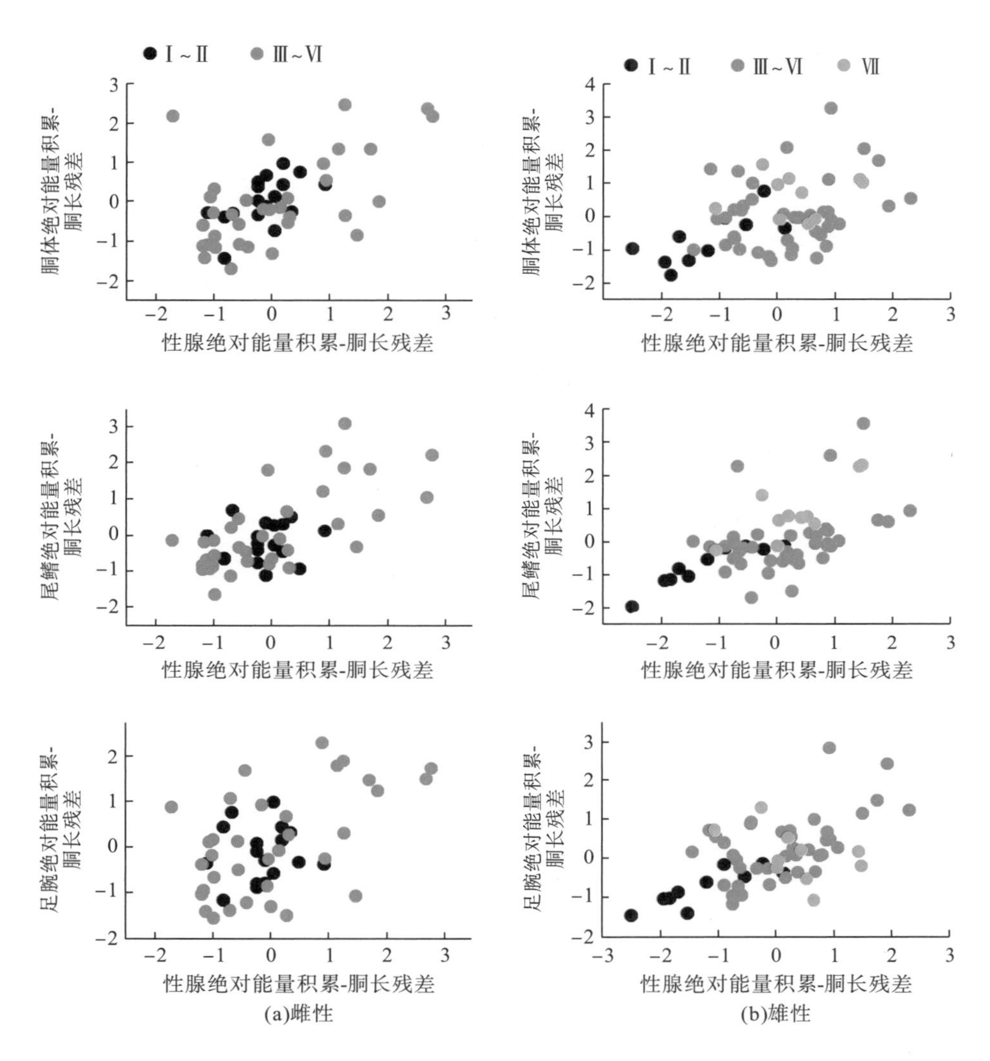


图 6-17　南海鸢乌贼微型群个体组织绝对能量积累与胴长残差 Model II 回归拟合的关系

# 6.3　鸢乌贼能量分配、繁殖投入及溯源分析

## 6.3.1　组织能量密度

水生生物作为水生生态系统的重要组成部分，其能量密度反映了相同质量的组织中所含能量的高低，是生物体内储备能量的基础衡量指标，也是这些生物在其生活过程中营养富集和生长状况的评价标准。一般地，水生生物的组织能量密度决定于其脂肪、蛋白质和碳水化合物等营养物质的含量，并受诸如个体性腺发育、饵料生物丰度，以及栖息水温、水深等的影响与调节。其中，在头足类中，蛋白质既是能量积累的主要物质基础，也是在

外界饵料不足时优先消耗供给能量的营养物质。戴宏杰和陈道海（2014）曾报道头足类在能量消耗过程中以蛋白质为主要供能物质。本书研究表明，南海鸢乌贼个体不同组织的能量密度具有显著性差异。组织能量密度是由其营养成分决定的，其差异反映出鸢乌贼个体不同组织的营养成分存在差异。与其他学者的研究结果类似，于刚等（2014）、邱月等（2016）曾报道南海鸢乌贼胴体和足腕组织的蛋白质和粗脂肪含量具有一定的差异。在其他种诸如虎斑乌贼（*Sepia pharaonis*）（Thanonkaew et al.，2006）、金乌贼（*Sepia esculenta*）（樊甄姣等，2009）等的研究中也发现性腺组织的蛋白质含量要显著高于其他组织。这些研究表明头足类不同组织在营养成分上的差异均可导致其能量密度不同，也因此反映出各组织的能量（营养成分）分配的差异，即鸢乌贼本身对体细胞生长、性腺发育等生命活动的能量供给是有差异的。

同时，头足类在不同性腺发育时期的摄食活动、食物可利用性等变化，也影响着个体组织的生化组成，从而导致这些种类的组织在不同性腺发育阶段的能量密度可能产生差异性。本书研究显示，鸢乌贼中型群雄性个体胴体和精荚复合体组织的能量密度均随着性腺发育而变化显著，可能与这些组织的营养物质成分的变化密切相关。鸢乌贼的摄食状况（如摄食水平、食物组成等）及其食性均随着性腺发育呈现出一定的变化，食物组成从浮游动物转向鱼类和其他头足类等，而伴随着食性变化，能量消耗也会相应地增加。精荚复合体是主要的生殖器官，在性腺发育过程中逐渐完善并组装、存储成熟的精荚。因此，这些过程可能导致肌肉、精荚复合体组织的营养物质成分改变，进而引起组织能量密度变化。此外，栖息环境的变化也影响着生物体的内在生理变化，并导致有机体营养物质变化。众所周知，鸢乌贼随着个体生长发育具有明显的垂直移动行为，个体越大，栖息水层越深。其中，伴随着个体运动方式、能量消耗及其供给等方式的改变，机体营养组成也在变化。所以，不同生长阶段栖息环境的变化也影响着这些个体组织能量物质的结构组成。但是，因为这个过程涉及诸多环境因子，并且各因子的具体影响机制和权重仍不明确，所以具体环境诱导性的变化机制仍有待深入研究。微型群个体肌肉组织和性腺组织（除缠卵腺组织）的组织能量密度存在显著性差异。肌肉组织能量密度的变化可解释为鸢乌贼微型群个体生长发育过程中栖息环境及其生理状态的改变所致，这是因为肌肉组织能量密度受制于水域环境、自身生理状态等因素的影响和调节，如食物丰度、栖息水温、生理活动等因素。性腺组织能量密度的变动则多与这些组织发育过程中的物质组成的变化密切相关。比如，卵巢在发育过程中不断发生发育卵母细胞，随之卵黄、脂肪等营养物质含量变动导致组织能量密度变化。在鱼类的研究中，也发现性腺发育等繁殖活动是影响组织能量密度变动的重要因素。

然而，在性腺发育过程中，南海鸢乌贼中型群雌性个体肌肉和性腺组织的能量密度保持了一定的稳定性。除了肌肉组织能量密度在Ⅰ期和Ⅵ期之间存在显著性差异之外，其他组织的能量密度在不同性成熟度之间均不存在统计学差异。这与西南大西洋阿根廷滑柔鱼性腺组织能量密度随性腺发育的变化有所不同，后者的输卵管复合体和卵巢的组织能量密度随着性腺发育增加显著（Clarke，1965）。

此外，南海鸢乌贼个体各组织的能量密度均低于西南大西洋阿根廷滑柔鱼相应组织的能量密度（林东明等，2017）。一方面，这种差异性可能是不同种类组织的蛋白质、脂肪等生化组成比例不同所致。另一方面，繁殖产卵策略不同也会使属种间组织能量密度存在差异。鸢乌贼为多次产卵者，并且在产卵间隙保持摄食和体细胞生长的状态；而阿根廷滑柔鱼为间歇性终端产卵，产卵活动开始后便逐渐停止摄食(Rodhouse and Hatfield，1990)。前者性腺细胞的发生和卵子形成随着性腺发育较为缓慢，后者自性腺发育成熟后便快速发育性腺细胞并传输至输卵管存储，而性腺细胞发育过程中的变动因素——卵黄物质是组织能量积累的主要物质单元(蒋霞敏等，2012)，因而两者组织能量积累产生了不同。

### 6.3.2　组织能量积累规律及其雌雄差异性

头足类为典型的性腺发育滞后于个体生长的海洋软体动物，除鹦鹉螺属(*Nautilus*)外，其余均为终身一次繁殖。这些种类在性腺发育前将盈余能量主要用于个体生长，而随着性腺发育，更多的盈余能量将投入性腺组织发育及配子发生。本书研究显示，随着性腺发育，南海鸢乌贼个体肌肉和性腺组织的绝对能量积累均不断增加。该研究结果与其他头足类的组织能量积累相一致(Rodhouse and Hatfield，1990)，也表明了头足类组织能量积累及其繁殖投入是对其终生一次繁殖策略的选择性进化适应。然而，南海鸢乌贼中型群雌性性腺组织的相对能量积累在Ⅵ期达到最高值，约为 16%，低于其他头足类。例如，阿根廷滑柔鱼性腺组织的相对能量积累在Ⅳ期的占比为 28.90%(林东明等，2017)；乳光枪乌贼(*Loligo opalescens*)的性腺重量则在成熟期达到体重的 50%以上(Fields，1965)。这可能与不同种类之间产卵策略的属种特殊性相关，因为不同的产卵策略对繁殖能量的积累及其投入分配存在一定的差异性。再者，生长发育过程中海洋环境的波动变化、饵料丰俭等均影响着肌肉组织和性腺组织的能量积累，并延滞摄入能量对性腺发育的投入分配。然而，鸢乌贼微型群个体摄入能量是否因生长发育时期外界环境条件波动、饵料丰俭等而延滞繁殖投入，仍需后续实验研究佐证。

本书研究发现鸢乌贼雌雄个体总的繁殖能量积累和每个性腺发育时期的能量分配均存在差异性，表明雌雄个体在组织能量积累及其繁殖分配的差异性。在大洋性头足类中，相比较于雄性个体，雌性个体性腺发育成熟相对延迟且成体体型较大，在繁殖活动中起着主导作用，负责交配后的配子授精、卵团生成并寻找适宜场所排放卵团等活动。同时，雌性个体具有纳精囊或在鳃基部存储精荚，授精、排卵活动的持续时间相对较长，往往可持续 1～2 个月，产卵式样也因卵巢卵母细胞的成熟模式不同而形式多样。这些繁殖活动使雌性个体需要更多的能量积累及其繁殖投入。实际上，既有研究已经表明，鸢乌贼是典型的二态性头足类，雄性个体体型小，雌性个体的体型可达雄性个体的 2 倍；雌性亲体的繁殖力大，在鳃基部存储精荚，产卵期间进行多次排卵活动且保持摄食和能量积累。因此，我们认为鸢乌贼雌雄个体组织能量积累及其繁殖分配的差异性，是雌雄个体在生长发育及其繁殖过程中的角色作用不同所致。这种差异性也较普遍地存在于其他大洋性头足类中，如茎柔鱼(韩飞等，2019)、阿根廷滑柔鱼(Lin et al.，2015)等，也表明大洋性头足类组织能量积累及其繁殖投入分配存在一定的共性。

### 6.3.3 繁殖投入的群体特殊性

本书研究发现中型群的绝对能量积累远大于微型群，并且两个群体的性腺组织能量积累也存在显著差异。这可能与营养状况、潜在繁殖力和分批繁殖力的比例以及两个群体在性成熟时的年龄和大小差异有关，它们都会影响种群的繁殖潜力。与中型群相比，微型群具有较大的体重-胴长关系系数和较小的初次性成熟胴长。微型群可能不像中型群在两次产卵事件之间贪婪地进食。

研究还发现中型群性腺组织的相对能量积累远高于微型群。这一结论与其他海域的研究是一致的。例如，印度洋西北海域中型群的平均体重是微型群的 3～4 倍，而分配繁殖力则是微型群的 5～6 倍(Chembian，2013)，表明中型群一个产卵批次的相对繁殖投入大于微型群。这种现象在阿拉伯海的大型群(Snyder，1998)中更为明显，其中一些个体的输卵管复合体的重量甚至大于卵巢，即一个产卵批次的相对繁殖投入也更大。

此外，中型群和微型群繁殖投入的差异也与两个群体的生存压力有关。微型群个体相对较小，在未来的能量分配中更侧重于生长和生存。鸢乌贼都有强烈的自食性，较小的个体不仅在捕食方面处于劣势，而且还承受更大的被其他鸢乌贼捕食的压力(Chembian，2013)。这可能是生存和繁殖之间的一种形式权衡。

### 6.3.4 潜在繁殖投入策略

本书研究结果表明，当卵巢中的卵母细胞全部成熟时，卵母细胞所消耗的能量远高于输卵管中成熟的卵所含有的能量。首先，这种分配资源的模式确保了单次产卵事件不会消耗繁殖者太多的能量。鸢乌贼不同于单次产卵的属种，其体细胞将在不同的产卵活动之间继续进行生长，这意味着它必须决定如何分配资源用于生长、繁殖以及其他生命活动。鸢乌贼的繁殖投入模式更可能是外源性，这种能量投入模式提供了繁殖所需的大量能量，这也是其产卵策略的重要特征。其次，这种繁殖投入模式保证了鸢乌贼在一次产卵事件中能够获得足够的能量。据以往研究，鸢乌贼在多个间歇性的产卵事件中产生的卵的数量大致相等。在这一假设下，单次产卵活动中，鸢乌贼提供的能量是定量的，且近似相等。为了最大限度地提高后代在成年前的存活率，在单次产卵活动中，不会有太多的卵子参与有限的能量分配。因而这种能量分配方式可能是相应繁殖策略的体现，即保证后代获得生存能量达到最大。这种繁殖投入模式同样被其他大洋性头足类所采用，如茎柔鱼(Nigmatullin and Markaida，2009)和澳洲双柔鱼(*Notodarus gouldi*)(McGrath and Jackson，2002)，但它与强壮桑椹乌贼(*Moroteuthis ingens*)等的繁殖投入模式形成了对比(Jackson et al.，2004)。

鸢乌贼生命周期较短，具有对环境敏感的特征，其产卵活动持续 1～3 个月。繁殖策略也是对环境波动的反应。鸢乌贼是大洋性繁殖模式的头足类之一，是一种生态机会主义者，其生长和繁殖可能受环境波动的影响。鸢乌贼将相对较大的繁殖投入分散到多个产卵事件中可能有助于将后代损失的风险降到最低。这种繁殖策略为后代在多变的海洋环境中寻找适宜的孵化场所提供了更多的选择，而适宜的栖息地环境也提升了其丰富的资源量。

考虑到鸢乌贼繁殖投入的持续性和分批次的特点，有必要计算出卵巢组织中所有卵在成熟时含有的能量和其他附属性腺器官的能量，而不仅仅是某个性成熟度性腺器官的繁殖投入或个体在产卵前后总能量的差异。

### 6.3.5　繁殖投入类型

在繁殖过程中，充足的能量供应可以保证繁殖活动的正常进行。头足类的繁殖投入类型与其生活史息息相关，受摄食、营养状况、繁殖特性等影响，是能量摄入体内之后的再分配，主要涉及摄食所获能量和已存储能量在体内的流动。生物繁殖所需的能量可以从产卵季节前储存的能量中转移而来，也可以直接从食物中获得。头足类的繁殖策略具有多样性及其环境适应性等特征，其产卵类型包括瞬时终端产卵型、多轮产卵型、多次产卵型、间歇终端产卵型和连续产卵型，随之的繁殖投入类型也具有一定的属种特殊性。一般地，瞬时终端产卵者倾向于内源性繁殖投入，而多轮产卵者、多次产卵者和连续产卵者等则倾向于外源性繁殖投入，前者的繁殖能量来自既已存储在肌肉、消化腺等组织中的能量，后者的繁殖能量则来自即时的饵料摄食。本书研究表明，南海鸢乌贼卵巢中所含的能量更加倾向于即时摄食活动所获得的摄食能。除质量体征残差和同位素组成的分析结果外，还有两条证据支持这一结论。一方面，作为重要的能量储存器官的肌肉组织和消化腺组织的体征状况并没有随着性腺的发育而降低，表明在性腺发育过程中并未发生能量存储组织的能量大量转移的情况。另一方面，不同成熟期的个体很少出现空胃现象，说明机体在性腺发育过程中的能量摄入具有保障。这一结果与先前的发现相一致。这主要与其在性腺发育过程中总体上仍有相对持续稳定的摄食活动相关。鸢乌贼在繁殖季节的生长和摄食均呈间歇性，表现为在特定繁殖时期暂停生长、摄食活动，将能量尽可能多地供给于繁殖活动。基于本书研究中型群的摄食状况在生理性发育期后还有所改善，微型群虽然有所降低，但仍维持在一定水平，鸢乌贼在繁殖过程中极端的权衡可能持续时间较短且多发生于个体摄食了一定量的食物之后。在一定时期内，鸢乌贼摄入和可分配的能量一定的前提下，这种能量投入方式可以保证后代获得最大的能量，从而使繁殖结果最优化。鸢乌贼的繁殖投入模式与繁殖过程中产卵和生长活动交替进行的策略密切相关，这与多次产卵者的生长、繁殖策略相似。与其他多次产卵属种所采取的繁殖策略类似(如澳洲双柔鱼、茎柔鱼)，采取这种繁殖策略的属种在性腺发育过程中所需的能量主要来自即刻所得的摄食能。相对比而言，鸢乌贼与间歇终端产卵属种如阿根廷滑柔鱼(Lin et al.，2017b)所采取的繁殖策略稍有不同，后者在产卵期会停止生长并可能在不影响肌肉组织总体完整性的前提下向性腺组织提供部分能量。鸢乌贼与瞬时终端产卵属种(如强壮桑葚乌贼)的繁殖策略形成鲜明对比，后者在性腺发育开始后，肌肉组织将能量供给于生殖活动，导致体征状况迅速下降(Jackson et al.，2004)。

鸢乌贼的生长活动贯穿整个生命周期但在产卵时停止，同时性腺发育的速度在不同的生活史阶段也存在差异。本书研究表明，两个群体特别是微型群的胴体和卵巢组织在性成熟后期(Ⅴ～Ⅵ期)的 $\delta^{15}N$ 均呈增加的趋势，即此阶段个体的生长加快。这可能是机体在不同的发育阶段，不同的生命活动因能量需求变动而形成的不同权衡所致，性成熟后期输卵管中卵子数量接近饱和，卵巢中卵子转移至输卵管过程中所需的能量下降，个体需要为交配、产卵等活动保证更好的体征。这种动态的能量分配模式更能体现出鸢乌贼的繁殖投入策略，性腺组织快速发育时，虽然没有在性腺组织和能量存储组织间形成直接的能量流动关系，却间接地减少了分配至能量存储组织的能量。在保证其他组织正常维持的前提下增加繁殖活动的能量供给，对机体正常的体征维持非常重要，这可能是批次产卵种类多批次、长周期产卵的重要保障。

此外，本书研究显示，在性腺III～VI期，中型群雌性胴体、足腕的绝对能量积累-胴长残差与性腺绝对能量积累-胴长残差呈弱的负相关关系，表明这两组织的绝对能量积累可能转化用于性腺组织的生长发育，但是这种能量转化应该是有限的。同时，如果存在这种情况也说明了鸢乌贼繁殖能量投入存在一定的灵活性，肌肉组织能量的使用可能是一种临时且有限的辅助行为。但是，这种能量转化应该不是以牺牲肌肉组织的完整性为代价，因为性腺组织绝对能量积累-胴长残差与肌肉组织绝对能量积累-胴长残差之间的相关系数均比较小。这应该与其产卵期间保持正常的摄食活动与体细胞生长的生活史特性密切相关，研究表明鸢乌贼繁殖能量投入主要来自摄食活动，而个体存储能量则仅在性腺发育过程中提供一定的辅助支持。

### 6.3.6 繁殖投入的二态性

雄性和雌性个体的繁殖投入因其在生殖过程中的作用而不同。在这种性别二态性中，雄性在III期、IV期的性腺体征状况好于雌性，而雌性在V期、VI期性腺体征状况的改善更为显著，这说明它们之间的繁殖投入存在差异。我们认为，为了促进生殖活动的顺利进行，雌性和雄性在生长和繁殖之间做出不同的权衡，雄性个体以适当地牺牲未来的生长和生存潜力来换取当前更多的繁殖产出；而雌性个体则适当推迟性成熟，在早期生活史中利用更多的能量进行生长以获得更大的体型，从而在未来获得更大的繁殖产出。以往的研究证明 Von Bertalanffy 的生长参数 $k$ 和繁殖投入都随成年个体死亡率的变化而变化(Lester et al.，2004)。雄性当前的繁殖投入越高，死亡率越高，$k$ 越大。研究表明，雌性个体在交配过程中占据主导地位，交配后有保留精团、促进精子和卵子结合产卵等活动，因此会消耗更多的能量；而雄性个体在交配过程中除产生精子外并不会消耗太多能量，其能量投入较低。因此，与雄性个体相比，雌性个体需要将更多的能量投入未来的生殖。这一现象在头足类动物中普遍存在，如茎柔鱼(韩飞等，2019)、阿根廷滑柔鱼(Lin et al.，2015)等，表明头足类在不同性别的繁殖投入策略上存在共性。

### 6.3.7 繁殖投入的群体间差异

中型群卵巢组织与胴体、消化腺两组织的 $\delta^{13}C$ 和 $\delta^{15}N$ 的相似性大于微型群，表明两个群体的摄食能量进入机体后的分馏机制存在差异，可以反映出两个群体对繁殖活动的能量分配策略也有所不同。中型群个体能量投入相对稳定，表现为各组织的 $\delta^{13}C$ 和 $\delta^{15}N$ 在各性成熟度之间的差异较小，而微型群的能量投入模式在性腺发育过程中存在波动，其中消化腺组织的 $\delta^{13}C$ 和 $\delta^{15}N$ 在性成熟后期有所下降、卵巢和胴体的 $\delta^{13}C$ 和 $\delta^{15}N$ 有所上升。中型群各组织的 $\delta^{13}C$ 和 $\delta^{15}N$ 均大于微型群，表明其食物来源更加丰富、在生态系统中的生态位置更高。这种摄食上的差异与其摄食策略相关，以往研究表明随着体型的增大，中型群对食物的选择性有所提升，其自食性特征尤为明显，而微型群由于体型较小，在食物竞争中处于弱势。

同时，微型群在性腺发育后期的能量分配更加偏重生长。与其他动物一样，鸢乌贼的能量分配将始终遵循使后代所获得的能量最大化的原则。为了提升后代的存活率，微型群在体型较小的情况下，在繁殖后期将更多的能量投入生长可以将繁殖投入最大化。

# 参 考 文 献


陈新军, 刘必林, 王尧耕. 2009. 世界头足类[M]. 北京: 海洋出版社.

陈新军, 马金, 刘必林, 等. 2011. 基于耳石微结构的西北太平洋柔鱼群体结构、年龄与生长的研究[J]. 水产学报, 35(8): 1191-1198.

陈子越, 陆化杰, 童玉和, 等. 2019. 中国南海西沙群岛海域鸢乌贼角质颚生长特性研究[J]. 上海海洋大学学报, 28(3): 373-383.

戴宏杰, 陈道海. 2014. 头足类营养研究进展[J]. 动物营养学报, 26(3): 597-604.

董正之. 1991. 世界大洋经济头足类生物学[M]. 济南:山东科学技术出版社.

樊甄姣, 吕振明, 吴常文, 等. 2009. 野生金乌贼蛋白质和脂肪酸成分分析与评价[J]. 营养学报, 31(5): 513-515.

方舟. 2016. 基于角质颚的北太平洋柔鱼渔业生态学研究[D]. 上海:上海海洋大学.

方舟, 陈新军, 李建华. 2013. 西南大西洋公海阿根廷滑柔鱼角质颚色素变化分析[J]. 水产学报, 37(2): 222-229.

方舟, 陈新军, 陆化杰, 等. 2014. 北太平洋两个柔鱼群体角质颚形态及生长特征[J]. 生态学报, 34(19): 5405-5415.

韩飞, 陈新军, 林东明, 等. 2019. 东太平洋赤道海域茎柔鱼体征生长及生殖投入[J]. 水产学报, 43(12):2511-2522.

胡贯宇. 2016. 秘鲁外海茎柔鱼角质颚微结构与微化学研究[D]. 上海:上海海洋大学.

胡贯宇, 陈新军, 方舟. 2016. 个体生长对秘鲁外海茎柔鱼角质颚形态变化的影响[J]. 水产学报, 40(1): 36-44.

胡贯宇, 陈新军, 方舟. 2017. 秘鲁外海茎柔鱼角质颚色素沉积及影响因素的初步研究[J]. 海洋湖沼通报, (2): 72-80.

江艳娥, 陈作志, 林昭进, 等. 2019. 南海海域鸢乌贼中型群与微型群渔业生物学比较[J]. 水产学报, 43(2): 454-466.

蒋霞敏, 彭瑞冰, 罗江, 等. 2012. 野生拟目乌贼不同组织营养成分分析及评价[J]. 动物营养学报, 24(12): 2393-2401.

金岳, 方舟, 李云凯, 等. 2013. 北太平洋东部柔鱼群体角质颚生长特性分析[J]. 海洋渔业, 37(2): 101-106.

李小斌, 陈楚群, 施平, 等. 2006. 南海 1998-2002 年初级生产力的遥感估算及其时空演化机制[J]. 热带海洋学报, 25(3): 57-62.

林东明, 方学燕, 陈新军. 2015. 阿根廷滑柔鱼夏季产卵种群繁殖力及其卵母细胞的生长模式[J]. 海洋渔业, 37(5): 389-398.

林东明, 陈新军, 魏嫣然, 等. 2017. 阿根廷滑柔鱼雌性个体肌肉和性腺组织能量积累及其生殖投入[J]. 水产学报, 41 (1): 70-80.

刘必林, 陈新军. 2010. 印度洋西北海域鸢乌贼角质颚长度分析[J]. 渔业科学进展, 31(1): 8-14.

刘必林, 陈新军, 钟俊生. 2009. 采用耳石研究印度洋西北海域鸢乌贼的年龄、生长和种群结构[J]. 大连海洋大学学报, 24(3): 206-212.

刘玉, 王雪辉, 杜飞雁, 等. 2019. 基于耳石微结构的南海鸢乌贼日龄和生长研究[J]. 热带海洋学报, 38(6): 62-73.

陆化杰, 陈新军, 方舟. 2012. 西南大西洋阿根廷滑柔鱼 2 个不同产卵群间角质颚外形生长特性比较[J]. 中国海洋大学学报(自然科学版), 42(10): 33-40.

陆化杰, 陈新军, 刘必林. 2013. 个体差异对西南大西洋阿根廷滑柔鱼角质颚外部形态变化的影响[J]. 水产学报, 37(7): 1040-1049.

陆化杰, 陈新军, 方舟. 2015. 西南大西洋阿根廷滑柔鱼耳石元素组成[J]. 生态学报, 35(2): 297-305.

钱卫国, 陈新军, 刘必林, 等. 2006. 印度洋西北海域秋季鸢乌贼渔场分布与浮游动物的关系[J]. 海洋渔业, 28(4): 265-271.

邱月, 曾少葵, 章超桦, 等. 2016. 鸢乌贼和杜氏枪乌贼营养成分分析与比较[J]. 广东海洋大学学报, 36(1): 19-24.

粟丽, 陈作志, 张鹏. 2016. 南海中南部海域春秋季鸢乌贼繁殖生物学特征研究[J]. 南方水产科学, 12(4): 96-102.

王尧耕, 陈新军. 2005. 世界大洋性经济柔鱼类资源及其渔业[M]. 北京: 海洋出版社.

徐红云, 崔雪森, 周为峰, 等. 2016. 基于海洋遥感的南海外海鸢乌贼最适栖息环境分析[J]. 生态学杂志, 35(11): 3080-3085.

徐杰, 刘尊雷, 李圣法, 等. 2016. 东海剑尖枪乌贼角质颚的外部形态及生长特性[J]. 海洋渔业, 38(3): 245-253.

宣思鹏, 陈新军, 林东明, 等. 2018. 西南大西洋阿根廷滑柔鱼雄性个体的有效繁殖力特性研究[J]. 水生生物学报, 42(4): 800-810.

杨德康. 2002. 两种鱿鱼资源和其开发利用[J]. 上海水产大学学报, 11(2):176-179.

杨林林, 姜亚洲, 刘尊雷, 等. 2012a. 东海火枪乌贼角质颚的形态特征[J]. 中国水产科学, 19(4): 586-593.

杨林林, 姜亚洲, 刘尊雷, 等. 2012b. 东海太平洋褶柔鱼角质颚的形态学分析[J]. 中国海洋大学学报(自然科学版), 42(10): 51-57.

于刚, 张洪杰, 杨少玲, 等. 2014. 南海鸢乌贼营养成分分析与评价[J]. 食品工业科技, 35(18): 358-361.

詹秉义. 1995. 渔业资源评估[M]. 北京: 中国农业出版社.

张建设, 夏灵敏, 迟长凤, 等. 2011. 人工养殖曼氏无针乌贼 (*Sepiella maindroni*) 繁殖生物学特性研究[J]. 海洋与湖沼, 42(1): 55-59.

张俊, 陈国宝, 张鹏, 等. 2014. 基于渔业声学和灯光罩网的南海中南部鸢乌贼资源评估[J]. 中国水产科学, 21(4): 822-831.

张鹏, 杨吝, 张旭丰, 等. 2010. 南海金枪鱼和鸢乌贼资源开发现状及前景[J]. 南方水产科学, 6(1): 68-74.

张鹏, 杨吝, 杨炳忠, 等. 2015. 春季南沙海域鸢乌贼种群结构特征的研究[J]. 南方水产科学, 11(5): 11-19.

张旭, 陆化杰, 童玉和, 等. 2020. 中国南海西沙群岛海域鸢乌贼耳石微结构及生长特性[J]. 水产学报, 44(5): 767-776.

张云龙, 张海龙, 王凌宇, 等. 2017. 鱼类早期发育阶段异速生长及核酸、消化酶变化的研究进展[J]. 中国水产科学, 24(3): 648-656.

招春旭, 陈昭澎, 何雄波, 等. 2017. 基于耳石微结构的南海春季鸢乌贼日龄、生长与种群结构的研究[J]. 水生生物学报, 41(4): 884-890.

Alonso-Fernández A, Saborido-Rey F. 2012. Relationship between energy allocation and reproductive strategy in Trisopterus luscus[J]. Journal of Experimental Marine Biology and Ecology, 416: 8-16.

Bizikov V A. 1991. A new method of squid age determination using the gladius[C]// Squid age determination using statoliths[J]. NTR-ITPP Special Publication, 1: 39-51.

Bizikov V A. 1999. Growth of *Sthenoteuthis oualaniensis*, using a new method based on gladius microstructure[J]. ICES Marine Science, 199: 445-458.

Bower J R, Seki M P, Young R E, et al. 1999. Cephalopod paralarvae assemblages in Hawaiian Islands waters[J]. Marine Ecology Progress Series, 185: 203-212.

Boyle P, Rodhouse P. 2005. Cephalopods: Ecology and Fisheries[M]. Oxford: Blackwell Science.

Brunetti N E, Ivanovic M L. 1997. Description of *Illex argentinus* beaks and rostral length relationships with size and weight of squids[J]. Revista de Investigación y Desarrollo Pesquero, 11: 135-144.

Castro J J, Hernández-García V. 1995. Ontogenetic changes in mouth structures, foraging behavior and habitat use of *Scomber japonicus* and *Illex coindetti*[J]. Scientia Marina, 59(3-4): 347-355.

Chembian A J. 2013. Studies on the Biology, Morphometrics and Biochemical composition of the Ommastrephid squid, *Sthenoteuthis oualaniensis* (Lesson, 1830) of the south west coast of India[D]. Cochin: Cochin University of Science and Technology.

Chembian A J, Mathew S. 2014. Population structure of the purpleback squid *Sthenoteuthis oualaniensis* (Lesson, 1830) along the south-west coast of India[J]. Indian Journal of Fisheries, 61(3): 20-28.

Chen F J, Zhou X, Lao Q B, et al. 2019. Dual isotopic evidence for nitrate sources and active biological transformation in the Northern South China Sea in summer[J]. PLoS One, 14(1): e0209287.

Chen X J, Liu B L, Tian S Q, et al. 2007. Fishery biology of purpleback squid, *Sthenoteuthis oualaniensis*, in the northwest Indian Ocean[J]. Fisheries Research, 83(1): 98-104.

Chen X J, Liu B L, Chen Y. 2008. A review of the development of Chinese distant-water squid jigging fisheries[J]. Fisheries Research, 89(3): 211-221.

Chen X J, Lu H J, Li S L, et al. 2012. Species identification of *Ommastrephes bartramii*, *Dosidicus gigas*, *Sthenoteuthis oualaniensis* and *Illex argentinus* (Ommastrephidae) using beak morphological variables[J]. Scientia Marina, 76(3): 473-481.

Chowdhury M A K, Siddiqui S, Hua K, et al. 2013. Bioenergetics-based factorial model to determine feed requirement and waste output of tilapia produced under commercial conditions[J]. Aquaculture, 410: 138-147.

Clarke M R. 1965. Large light organs on the dorsal surfaces of the squids Ommastrephes pteropus, '*Symplectoteuthis oualaniensis*' and '*Dosidicus gigas*' [J]. Journal of Molluscan Studies, 36(5): 319-321.

Fang Z, Xu L L, Chen X J, et al. 2015. Beak growth pattern of purple-back flying squid *Sthenoteuthis oualaniensis* in the eastern tropical Pacific equatorial waters[J]. Fisheries Science, 81(3): 443-452.

Fang Z, Li J H, Thompson K, et al. 2016. Age, growth, and population structure of the red flying squid (*Ommastrephes bartramii*) in the North Pacific Ocean, determined from beak microstructure[J]. Fishery Bulletin, 114(1): 34-44.

Fang Z, Liu B L, Chen X J, et al. 2019. Ontogenetic difference of beak elemental concentration and its possible application in migration reconstruction for *Ommastrephes bartramii* in the North Pacific Ocean[J]. Acta Oceanologica Sinica, 38(10): 43-52.

Fields W G. 1965. The structure, development, food relations, reproduction, and life history of the squid *Loligo opalescens* Berry[J]. Fishery Bulletin, 131: 1-108.

Froese R. 2006. Cube law, condition factor and weight–length relationships: history, meta - analysis and recommendations[J]. Journal of Applied Ichthyology, 22(4): 241-253.

Gonzalez A F, Guerra A. 1996. Reproductive biology of the short-finned squid *Illex coindetii* (Cephalopoda, Ommastrephidae) of the Northeastern Atlantic[J]. Sarsia, 81(2): 107-118.

Harman R F, Young R E, Reid S B, et al. 1989. Evidence for multiple spawning in the tropical oceanic squid *Stenoteuthis oualaniensis* (Teuthoidea: Ommastrephidae) [J]. Marine Biology, 101(4): 513-519.

Hernández-García V. 1995. Contribución al conocimiento bioecológico de la Familia Ommastrephidae Steenstrup, 1857 en el Atlántico Centro-Oriental[D]. Spain: Universidad de Las Palmas de Gran Canaria.

Hernández-García V. 2003. Growth and pigmentation process of the beaks of *Todaropsis eblanae*(Cephalopods: Ommastrephidae) [J]. Berliner Paläobiologische Abhandlungen, 3: 131-140.

Hernández-García V, Piatkowski U, Clarke M R. 1998. Development of the darkening of *Todarodes sagittatus* beaks and its relation to growth and reproduction[J]. South African Journal of Marine Science, 20: 363-373.

Hossain M A, Furuichi M. 2000. Essentiality of dietary calcium supplement in fingerling scorpion fish (*Sebastiscus marmoratus*) [J]. Aquaculture, 189 (1-2): 155-163.

Huxley J S. 1924. Constant differential growth-ratios and their significance[J]. Nature, 114(2877): 895-896.

Ichihashi H, Kohno H, Kannan K, et al. 2001. Multielemental analysis of purpleback flying squid using high resolution inductively coupled plasma-mass spectrometry (HR ICP-MS) [J]. Environmental Science & Technology, 35 (15): 3103-3108.

Ikeda Y, Arai N, Sakamoto W, et al. 1998. Microchemistry of the statoliths of the Japanese common squid *Todarodes pacificus* with special reference to its relation to the vertical temperature profiles of squid habitat[J]. Fisheries. Science, 64(2): 179-184.

Ikeda Y, Okazaki J, Sakurai Y, et al. 2002. Periodic variation in Sr/Ca ratios in statoliths of the Japanese common squid *Todarodes pacificus*, steenstrup, 1880 (Cephalopoda: Ommastrephidae) maintained under constant water temperature[J]. Journal of Experimental Marine Biology and Ecology, 273(2): 161-170.

Jackson G D, Mckinnon J F. 1996. Beak length analysis of arrow squid *Nototodarus sloanii* (Cephalopoda: Ommastrephidae) in southern New Zealand waters[J]. Polar Biology, 16 (3): 227-230.

Jackson G D, Semmens J M, Phillips K L, et al. 2004. Reproduction in the deepwater squid *Moroteuthis ingens,* what does it cost?[J]. Marine Biology, 145(5): 905-916.

Jereb P, Roper C F E. 2010. Cephalopods of the World: An Annotated And Illustrated Catalogue of Cephalopod Species Known To Date(Volume 2) Myopsid and Oegopsid Squids[M]. Rome: Food and Agriculture Organization of the United Nations.

Jin Y, Liu B L, Chen X J, et al. 2018. Morphological beak differences of loliginid squid, *Uroteuthis chinensis* and *Uroteuthis edulis*, in the northern South China Sea[J]. Journal of Oceanology and Limnology, 36(2): 559-571.

Jones J B, Arkhipkin A I, Marriottc A L, et al. 2018. Using statolith elemental signatures to confirm ontogenetic migrations of the squid *Doryteuthis gahi* around the Falkland Islands (Southwest Atlantic) [J]. Chemical Geology, 481: 85-94.

Keyl F, Argüelles J, Tafur R. 2011. Interannual variability in size structure, age, and growth of jumbo squid (*Dosidicus gigas*) assessed by modal progression analysis[J]. ICES Journal of Marine Science, 68(3): 507-518.

Kim G B, Tanabe S, Iwakiri R, et al. 1996. Accumulation of butyltin compounds in Risso' s dolphin (*Grampus griseus*) from the Pacific coast of Japan: Comparison with organochlorine residue pattern[J]. Environmental Science & Technology, 30(8): 2620-2625.

Laptikhovsky V V. 1995. Mechanisms of formation of the reproductive strategies in the squid family Ommastrephidae: fecundity, duration of embryonic development, and mortality[D]. Kaliningrad: Kaliningrad State Technical University.

Laptikhovsky V V, Arkhipkin A I, Middleton D A J, et al. 2002. Ovary maturation and fecundity of the squid *Loligo gahi* on the southeast shelf of the Falkland Islands[J]. Bulletin of Marine Science, 71(1): 449-464.

Lefkaditou E G, Bekas P. 2004. Analysis of beak morphometry of the horned octopus *Eledone cirrhosa* (Cephalopoda: Octopoda) in the Thracian Sea (NE Mediterranean) [J]. Mediterranean Marine Science, 5(1): 143-150.

Leporati S C, Pecl G T, Semmens J M. 2007. Cephalopod hatchling growth: The effects of initial size and seasonal temperatures[J]. Marine Biology, 151(4): 1375-1383.

Lester N P, Shuter B J, Abrams P A. 2004. Interpreting the Von Bertalanffy model of somatic growth in fishes: the cost of reproduction[J]. Proceedings of the Royal Society of London. Series B: Biological Sciences, 271(1548): 1625-1631.

Lin D M, Chen X J, Chen Y, et al. 2017a. Ovarian development in Argentinean shortfin squid *Illex argentinus*: Group-synchrony for corroboration of intermittent spawning strategy[J]. Hydrobiologia, 795(1): 327-339.

Lin D M, Chen X J, Wei Y R, et al. 2017b. The energy accumulation of somatic tissue and reproductive organs in post-recruit female *Illex argentinus* and the relationship with sea surface oceanography[J]. Fisheries Research, 185: 102-114.

Lin D M, Chen X J, Chen Y, et al. 2015. Sex-specific reproductive investment of summer spawners of *Illex argentinus* in the southwest Atlantic[J]. Invertebrate Biology, 134(3): 203-213.

Liu B L, Chen X J, Chen Y, et al. 2016a. Periodic increments in the jumbo squid (*Dosidicus gigas*) beak: A potential tool for determining age and investigating regional difference in growth rates[J]. Hydrobiologia, 790(1): 83-92.

Liu B L, Chen X J, Li J H, et al. 2016b. Age, growth and maturation of *Sthenoteuthis oualaniensis* in the Eastern Tropical Pacific Ocean by statolith analysis[J]. Marine and Freshwater Research, 67(12): 1973-1981.

Liu B L, Lin J Y, Feng C, et al. 2017. Estimation of age, growth and maturation of purple-back flying squid, *Sthenoteuthis oualaniensis*, in Bashi Channel, Central Pacific Ocean[J]. Journal of Ocean University of China, 16(3): 525-531.

Luo J, Jiang X M, Liu M H, et al. 2014. Oogenesis and ovarian development in Sepia lycidas[J]. Acta Hydrobiologica Sinica, 38: 1107-1116.

McGrath B L, Jackson G D. 2002. Egg production in the arrow squid *Nototodarus gouldi* (Cephalopoda: Ommastrephidae), fast and furious or slow and steady?[J]. Marine Biology, 141(4): 699-706.

Miserez A, Li Y L, Waite J H, et al. 2007. Jumbo squid beaks: Inspiration for design of robust organic composites[J]. Acta Biomaterialia, 3(1): 139-149.

Mohamed K S, Joseph M, Alloycious P S. 2006. Population characteristics and some aspects of the biology of oceanic squid *Sthenoteuthis oualaniensis* (Lesson, 1830)[J]. Journal of the Marine Biological Association of India, 48(2): 256-259.

Moltschaniwskyj N A, Hall K, Lipinski M R, et al. 2007. Ethical and welfare considerations when using cephalopods as experimental animals[J]. Reviews in Fish Biology and Fisheries, 17(2-3): 455-476.

Nigmatullin C M, Laptikhovsky V V. 1994. Reproductive strategies in the squids of the family Ommastrephidae (preliminary report)[J]. Ruthenica, 4(1): 79-82.

Nigmatullin C M, Markaida U. 2009. Oocyte development, fecundity and spawning strategy of large sized jumbo squid *Dosidicus gigas* (Oegopsida: Ommastrephinae)[J]. Journal of the Marine Biological Association of the United Kingdom, 89(4): 789-801.

Nigmatullin C M, Arkhipkin A I, Sabirov R M. 1995. Age, growth and reproductive biology of diamond-shaped squid *Thysanoteuthis rhombus* (Oegopsida: Thysanoteuthidae)[J]. Marine Ecology Progress Series, 124: 73-87.

Nigmatullin C M, Sabirov R M, Zalygalin V P. 2003. Ontogenetic aspects of morphology, size, structure and production of spermatophores in ommastrephid squids: an overview[J]. Berliner Paläobiologische Abhandlungen, 3: 225-240.

Okutani T T I H. 1978. Reviews of biology of commercially important squids in Japanese and adjacent waters. I. *Symplectoteuthis oualaniensis* (Lesson)[J]. The Veliger, 21(1): 87-94.

Parry M. 2008. Trophic variation with length in two ommastrephid squids, *Ommastrephes bartramii* and *Sthenoteuthis oualaniensis*[J]. Marine Biology, 153(3): 249-256.

Potier M, Marsac F, Cherel Y, et al. 2007. Forage fauna in the diet of three large pelagic fishes (lancetfish, swordfish and yellowfin tuna) in the western equatorial Indian Ocean[J]. Fisheries Research, 83(1): 60-72.

Rocha F, Guerra A. 1996. Signs of an extended and terminal spawning in the squids *Loligo vulgaris* Lamarck and *Loligo forbesi* Steenstrup (Cephalopoda: Loliginidae)[J]. Journal of Experimental Marine Biology and Ecology, 207(1-2): 177-189.

Rodhouse P G, Hatfield E M C. 1990. Dynamics of growth and maturation in the cephalopod *Illex argentinus* de Castellanos, 1960 (Teuthoidea: Ommastrephidae)[J]. Philosophical Transactions of the Royal Society of London. Series B: Biological Sciences, 329(1254): 229-241.

Rodhouse P G, Robinson K, Gajdatsy S B, et al. 1994. Growth, age structure and environmental history in the cephalopod *Martialia hyadei* (Teuthoidea: Ommastrephidae) at the Atlantic polar frontal zone and on the Patagonian shelf Edge[J]. Antarctic Science, 6(2): 259-267.

Sajikumar K K, Remya R N, Venkatesan V, et al. 2018. Morphological development and distribution of paralarvae juveniles of purple-back flying squid *Sthenoteuthis oualaniensis* (Ommastrephidae), in the South eastern Arabian Sea[J]. Vie et milieu-Life and Environment, 68(2-3): 75-86.

Sakurai Y. 1995. Artificial fertilization and development through hatching in the oceanic squids *Ommastrephes bartramii* and *Sthenoteuthis oualaniensis* (Cephalopoda: Ommastrephidae) [J]. The Veliger, 38(3): 185-191.

Sarzanini C, Mentasti E, Abollino O, et al. 1992. Metal content in Sepia officinalis melanin[J]. Marine Chemistry, 39(4): 243-250.

Seibel B A, Thuesen E V, Childress J J, et al. 1997. Decline in pelagic cephalopod metabolism with habitat depth reflects differences in locomotory efficiency[J]. The Biological Bulletin, 192(2): 262-278.

Seibel B A, Thuesen E V, Childress J J. 2000. Light-limitation on predator-prey interactions: Consequences for metabolism and locomotion of deep-sea cephalopods[J]. The Biological Bulletin, 198(2): 284-298.

Sivashanthini K, Thulasitha W S, Charles G A. 2010. Reproductive characteristics of squid *Sepioteuthis lessoniana* (Lesson, 1830) from the northern coast of Sri Lanka[J]. Journal of Fisheries and Aquatic Science, 5(1): 12-22.

Snyder R. 1998. Aspects of the biology of the giant form of *Sthenoteuthis oualaniensis* (Cephalopoda: Ommastrephidae) from the Arabian Sea[J]. Journal of Molluscan Studies, 64(1): 21-34.

Sukramongkol N, Promjinda S, Prommas R. 2007. Age and reproduction of *Sthenoteuthis oualaniensis* in the Bay of Bengal[C] //Ecosystem-based Fishery Management in the Bay of Bengal. Thailand:Seafdec Publication.

Takagi K, Yatsu A. 1996. Age determination using statolith microstructure of the purple-back fling squid, *Sthenoteuthis oualaniensis*, in the North Pacific Ocean[J]. Nippon Suisan Gakkaishi, 65(2):8-113.

Takagi K, Kitahara T, Suzuki N, et al. 2002. The age and growth of *Sthenoteuthis oualaniensis* (Cephalopoda: Ommastrephidae) in the Pacific Ocean[J]. Bulletin of marine science, 71(2): 1105-1108.

Takai N, Onaka S, Ikeda Y, et al. 2000. Geographical variations in carbon and nitrogen stable isotope ratios in squid[J]. Journal of the Marine Biological Association of the UK, 80(4):675-684.

Thanonkaew A, Benjakul S, Visessanguan W. 2006. Chemical composition and thermal property of cuttlefish (*Sepia pharaonis*) muscle[J]. Journal of Food Composition and Analysis, 19(2-3): 127-133.

Villanueva R, Bustamante P. 2006. Composition in essential and non-essential elements of early stages of cephalopods and dietary effects on the elemental profiles of *Octopus vulgaris paralarvae*[J]. Aquaculture, 261(1): 225-240.

Watanabe K, Sakurai Y, Segawa S, et al. 1996. Development of the ommastrephid squid *Todarodes pacificus*, from fertilized egg to the *Rhynchoteuthion paralarva*[J]. American Malacological Bulletin, 13(1/2): 73-88.

Wolff G A. 1984. Identification and estimation of size from the beaks of 18 species of cephalopods from the Pacific Ocean[R]. Seattle: NOAA.

Yatsu A. 1997. The biology of *Sthenoteuthis oualaniensis* and exploitation of the new squid resources[J]. Far-Sea Fishery, 101: 6-9.

Yatsu A, Midorikawa S, Shimada T, et al. 1997. Age and growth of the neon flying squid, *Ommastrephes bartrami*, in the North Pacific Ocean[J]. Fisheries Research, 29(3): 257-270.

Young R E H J. 1998. Review of the ecology of *Sthenoteuthis oualaniensis* near the Hawaiian Archipelago[C]//OKUTANI T. International Symposium on Large Pelagic Squids. Tokyo: Japan Marine Fishery Resources Research Center.

Zakaria M Z. 2000. Age and Growth studies of oceanic squid, *Sthenoteuthis oualaniensis* using statoliths in the south China sea, area III, western Philippines[C]//The secretariat southeast Asian fisheries development center. Proceedings of the Third Technical Seminar on Marine Fishery Resources Survey in the South China Sea, area Ⅲ: Western Philippines. Bangkok, Thailand: Southeast Asian Fisheries Development Center.

Zuev G V, Nigmatullin C M, Nikolsky V N. 1985. Nektonic oceanic squids (genus Sthenoteuthis) [R]. Moscow.

Zumholz K, Hansteen T H, Hillion F, et al. 2007. Elemental distribution in cephalopod statoliths: Nano SIMS provides new insights into nano-scale structure. Reviews in fish biology and fisheries[J]. Reviews in Fish Biology and Fisheries, 17(2):487-491.

Zuyev G, Nigmatullin C M, Chesalin M, et al. 2002. Main results of long-term worldwide studies on tropical nektonic oceanic squid genus Sthenoteuthis: An overview of the Soviet investigations[J]. Bulletin of Marine Science, 71(2): 1019-1060.